CONCHYLIOLOGIE FRANÇAISE

LES
COQUILLES MARINES
AU LARGE DES CÔTES
DE FRANCE

Faune pélagique et Faune abyssale

DESCRIPTION DES FAMILLES, GENRES ET ESPÈCES

PAR

Arnould LOCARD

PARIS

LIBRAIRIE J.-B. BAILLIÈRE ET FILS

RUE HAUTEFEUILLE, 19, PRÈS DU BOULEVARD SAINT-GERMAIN

1899

CONCHYLIOLOGIE FRANÇAISE

LES
COQUILLES MARINES
AU LARGE DES CÔTES
DE FRANCE

Faune pélagique et Faune abyssale

DESCRIPTION DES FAMILLES, GENRES ET ESPÈCES

PAR

Arnould LOCARD

PARIS

LIBRAIRIE J.-B. BAILLIÈRE ET FILS

RUE HAUTEFEUILLE, 19, PRÈS DU BOULEVARD SAINT-GERMAIN

1899

LES

COQUILLES MARINES

AU LARGE DES CÔTES

DE FRANCE

Faune pélagique et Faune abyssale

DESCRIPTION DES FAMILLES, GENRES ET ESPÈCES

En 1892, sous le titre « *Les Coquilles marines des côtes de France* », nous avons donné la description des familles, genres et espèces de Mollusques testacés, Gastropodes, Scaphopodes, Lamellibranches et des Brachiopodes que l'on peut rencontrer au voisinage immédiat de notre littoral maritime (1).

L'extension bathymétrique de cette faune ne comprenait nécessairement que les trois zones littorale, herbacée et corallienne, telles que nous les avons admises, ne dépassant pas une profondeur de 75 mètres environ.

Quoique relativement restreintes, ces limites nous avaient permis de signaler l'existence de 1186 espèces de Mollusques testacés, savoir : 777 Gastropodes, 11 Scaphopodes, 384 Lamellibranches et 14 Brachiopodes.

---

(1) A. Locard. *Conchyliologie française. Les Coquilles marines des côtes de France*, description des familles, genres et espèces, 1 vol. gr. in-8, avec 348 figures. Paris, 1892.

A. L.1

Grâce aux dragages entrepris dans les eaux profondes, durant ces dernières années, de nouvelles données sont acquises pour la science. Nous pouvons aujourd'hui étendre plus au loin les limites géographiques et bathymétriques de notre faune, tout en restant dans les eaux françaises. Il nous a donc paru intéressant de compléter notre conchyliologie marine, en faisant connaitre les formes que l'on a rencontrées jusqu'à ce jour dans les zones profondes au large des côtes de France, depuis la zone corallienne, jusqu'aux régions abyssales les plus étendues. Tel est le but que nous nous sommes proposé dans ce nouveau travail

Mais avant d'aller plus loin, il convient tout d'abord de jeter un rapide coup d'œil sur le paysage sous-marin que nous allons explorer. Son allure varie très notablement suivant les points où on l'observe.

Dans la Manche, les fonds ne dépassent pas une centaine de mètres en profondeur; pourtant il existe, au nord des iles normandes, une sorte de fosse étroite, longue de près de 80 kilomètres, et dont la profondeur dépasse 200 à 300 mètres. Malgré tout l'intérêt que peut présenter cette petite station, nous ne croyons pas qu'elle ait été, jusqu'à présent du moins, l'objet d'une étude spéciale au point de vue des éléments zoologiques qu'elle peut contenir. Dans ces conditions, la faune malacologique de la Manche doit nécessairement fort peu différer de celle que nous avons déjà observée sur les côtes de France.

Mais il n'en est plus de même lorsque nous passons dans l'Atlantique. La courbe bathymétrique à 100 mètres qui limite à l'ouest l'entrée de la Manche, passe à 25 kilomètres de la pointe du Finistère, pour descendre au sud en s'écartant progressivement de la côte ; nous la voyons à 100 kilomètres au large de l'ile d'Oléron, tandis qu'au cap Breton, dans les Landes, elle avoisine la terre ; elle court ensuite de l'est à l'ouest le long de la Péninsule ibérique, en se maintenant toujours au voisinage de la côte.

Une seconde courbe à 500 mètres de profondeur passe au large, à 225 kilomètres de la pointe du Finistère, pour s'infléchir au sud en se rapprochant davantage de nos côtes; elle n'est plus qu'à 200 kilomètres vis-à-vis l'île d'Oléron. Un peu plus au sud, elle forme une vallée profonde dont l'extrémité n'est plus qu'à 100 kilomètres de la terre. Au cap Breton, elle paraît à 1 kilomètre seulement de la côte, pour suivre ensuite de très près la courbe de 100 mètres, le long des côtes d'Espagne.

Enfin, une dernière courbe à 2000 mètres suit de près la courbe de 500 mètres dans ses sinuosités, jusque dans la vallée qui s'étend au large de la Gironde ; après s'être un peu éloignée de la côte dans le fond du golfe de Gascogne, où elle décrit de nombreuses sinuosités, nous la retrouvons au sud, avec ses contours plus ou moins accusés, s'étalant de l'est à l'ouest, mais toujours au voisinage des courbes de 500 et de 100 mètres.

En résumé, dans l'Atlantique, depuis l'entrée de la Manche, jusqu'à environ 200 kilomètres au nord de la péninsule ibérique, les fonds marins s'étalent lentement sous forme de plage régulière, à pente très lente, entre le littoral et 200 kilomètres au large, avant d'atteindre une profondeur de 500 mètres. Cette limite une fois franchie, ils plongent brusquement de 1500 mètres sur une étendue de 10 à 25 kilomètres seulement. Un peu au-dessous de l'embouchure de la Gironde figure une première vallée d'une cinquantaine de kilomètres de profondeur située non loin de la côte, tandis qu'au cap Breton, une seconde vallée plus large, mais un peu moins profonde, viendra se terminer au voisinage immédiat de la terre ferme. Enfin, tout le long de la côte nord de l'Espagne nous rencontrerons une côte très abrupte, atteignant rapidement des fonds de 500 et même de 2000 mètres. En s'avançant plus au large encore, dans la partie sud du golfe de Gascogne, la sonde ne tardera pas à atteindre les grandes profondeurs de 4500 mètres et même au delà.

Dans la Méditerranée, la courbe de 100 mètres qui avoisine le continent dans la partie sud du golfe du Lion et tout le long des côtes de Provence, s'écarte de 50 à 55 kilomètres du fond de l'anse du golfe, au large des côtes de l'Hérault. Les courbes de 500, de 1000 et de 2000 mètres s'étalent ensuite symétriquement plus au large, mais à une faible distance. Il en résulte que, dans le golfe du Lion, la plage descend presque progressivement jusqu'à 2000 mètres de profondeur, sur une étendue de 90 kilomètres environ, tandis que sur les côtes de Provence nous rencontrons ces mêmes fonds à moins de 15 kilomètres au large. La côte s'enfonce ainsi très rapidement entre Marseille et Nice, pour former une pente un peu plus douce dans le golfe de Gênes. Au large de Marseille, entre les iles du Planier et de Riou, existe une falaise abrupte désignée par M. le professeur Marion sous le nom de falaise Peyssonnel.

L'allure pétrographique de nos différents milieux est extrêmement variable. En général, dans les grandes profondeurs de nos deux mers, le sol paraît tapissé d'une couche de vase verdâtre que recouvre une vase ocracée superficielle et d'une fluidité beaucoup plus grande. Les fonds de roches, de sables, de graviers, de coraux, de coquilles brisées sont plus souvent accessibles à des profondeurs de 400 à 500 mètres. La vase étant essentiellement nuisible au développement des Mollusques, ceux-ci seront toujours rares ou même feront le plus souvent complètement défaut dans les fonds exclusivement vaseux. C'est principalement à cette raison qu'il convient d'attribuer la pauvreté des grands fonds qui tapissent si uniformément la Méditerranée ; les Mollusques y sont en

effet extrêmement rares. Mais dès qu'on arrive aux fonds
solides, dans une mer comme dans l'autre, la faune devient
bientôt aussi riche que variée.

Il est bien certain que toutes ces stations sous-marines,
même en dehors des régions véritablement profondes, sont
bien loin d'être connues, comme nous connaissons aujour-
d'hui les parages immédiats de nos côtes. On conçoit aisé-
ment les difficultés sans nombre que doit éprouver le
naturaliste, à mesure qu'il tend à s'écarter des limites facile-
ment accessibles du littoral. Jusqu'à 80 ou même 100 mètres,
une embarcation des plus modestes, montée par un ou deux
hommes, peut, à la rigueur, amplement suffire pour explorer
de tels fonds ; avec un agencement même des plus simples.
on arrive déjà à recueillir dans la limite de la zone corallienne
de précieux et utiles matériaux. Mais s'agit-il de dépasser ces
étroites limites, il convient alors d'avoir recours à toute une
installation infiniment plus complexe et nécessairement fort
onéreuse; outre que le bâtiment doit être forcément d'un
tonnage beaucoup plus fort, il faut réunir et agencer tout un
matériel de câbles, de dragues, de chaluts, de treuils, qu'un
personnel nombreux et expérimenté sera seul en état de faire
manœuvrer. C'est donc dans des conditions tout à fait excep·
tionnelles et malheureusement bien difficiles à réaliser que
l'on peut espérer entreprendre un tel genre d'étude.

Dans ces dernières années, plusieurs explorations fort
importantes, la plupart entreprises à grands frais et sur une
vaste échelle, ont été très utilement pratiquées au large des
côtes de France. Nous allons en donner un rapide aperçu.

La partie nord de l'Atlantique a été l'objet de deux courtes
explorations pratiquées en 1869 et 1870 au large des côtes
de Bretagne, par la mission anglaise, à bord du *Porcupine*.
La campagne de 1869, qui avait pour programme l'étude des
côtes ouest et sud de l'Irlande, exécuta deux dragages à 47°38'

et 47°39′ de latitude nord, par des fonds de 3970 et 3405 mètres,
à 12°8′ et 11°33′ de longitude ouest (méridien de Greenvich).
Celle de 1870, chargée d'explorer la ligne de Falmouth à
Gibraltar, donna lieu à sept dragages pratiqués entre le
48°38′ et le 48°6′ de latitude nord, et le 10°15′ et 9°18′ de longitude ouest, à des profondeurs variant de 495 à 1125 mètres.
Plusieurs de ces dragages, notamment ceux de 1870, ont été
des plus fructueux. La faune malacologique en a été décrite
avec le plus grand soin par le savant naturaliste anglais
Gwyn Jeffreys (1). Dans ces régions, on a rencontré non
seulement un grand nombre d'espèces appartenant à la faune
des régions septentrionales de la Norvège, mais encore beaucoup de formes nouvelles, les unes locales, les autres vivant
beaucoup plus au sud. Malheureusement Jeffreys, trop pré-
maturément enlevé à la science, n'a pu terminer son œu-
vre. Il lui restait encore à faire connaitre les Gastropodes
Opistobranches, et parmi les Prosobranches la plupart des
Siphonostomata.

Le golfe de Gascogne, considéré dans sa plus grande extension, a été, à diverses reprises, l'objet de plusieurs explorations des plus importantes. C'est bien certainement, de toutes
nos stations extra-littorales, celle qui présente le plus d'intérêt. Sa disposition topographique, l'allure mouvementée de
ses fonds, la nature des courants sous-marins qui s'y rencon-
trent, sa constitution géologique et pétrographique, tout se
prête merveilleusement à donner asile à la faune la plus
variée et la plus riche. Nous y rencontrons, en effet, outre une
faune autochtone très abondamment représentée, nombre de
formes qui passaient naguère pour vivre exclusivement dans
la Méditerranée; là encore se donnent rendez-vous les espèces

(1) J. Gwyn Jeffreys, On the Mollusca procured during the Lightning and Porcupine Expeditions, 1868-70, in *Proceedings of the Zoological Society of London*,
1878-1885.

les plus diverses des régions boréales et arctiques avec celles des provinces transatlantiques ou américaines.

Les premières recherches pratiquées dans le golfe de Gascogne sont dues aux persévérants efforts du regretté marquis de Folin, et remontent à 1870. Elles furent exécutées dans la station aujourd'hui devenue classique, et connue sous le nom de fosse du cap Breton, dans les Landes. Cette fosse ou *gouf* du cap Breton, située par 43°40′ de latitude nord et 3°50′ de longitude ouest (méridien de Paris), est constituée par une profonde excavation sous-marine, interrompant brusquement la continuité de la vaste terrasse qui s'incline en pentes douces vers les profondeurs de l'Océan. Elle affecte la forme d'un tronc de cône très allongé, dont la grande ouverture est tournée vers la haute mer, tandis que le sommet, large de près d'un kilomètre, s'appuie à la côte, à deux encâblures de la laisse des basses eaux. Les bords de la fosse nommés accores du gouf par les marins, sont rocheux et leur pente est rapide. Le fond est à 30 ou 35 mètres à proximité du rivage et atteint rapidement 375 mètres. Selon toutes probabilités, cette fosse représenterait l'ancien lit de l'Adour.

De 1870 à 1876, la fosse du cap Breton fut l'objet d'une série de dragages successifs pratiqués jusqu'à 407 mètres, par le marquis de Folin et le Dʳ P. Fischer. Les résultats en furent soigneusement consignés par leurs auteurs dans différentes publications (1). En 1876, une liste de 187 espèces, retirées à différentes profondeurs, fut dressée d'après les indications de G. Jeffreys, du Dʳ F. Fischer et du marquis de

---

(1) De Folin et L. Perrier, Les fonds de la mer, étude internationale sur les particularités nouvelles des régions sous-marines, 4 vol. in-8 avec planches. Paris, I, 1867-1871 ; II, 1872-1874 ; III, 1875-1879 ; IV, 1880.

P. Fischer, Faune conchyliologique marine du département de la Gironde, in *Actes Soc. Linnéenne de Bordeaux*, XXV, 4ᵉ livr. (tir. à part, Paris, 1865). — Supplément, *loc. cit.*, XXVI, p. 71 (Paris, 1869). — 2ᵉ Supplément, *loc. cit.*, XXIX, 4 livr. (Paris, 1873).

Folin (1). Ces résultats, ainsi qu'une partie de ceux des campagnes du *Porcupine* ont été également consignés par le
Dr P. Fischer (2).

Ces premières recherches furent le point de départ des
quatre grandes explorations sous-marines organisées par le
Gouvernement Français, sous la direction de M. Milne-
Edwards, avec le marquis de Folin et le Dr P. Fischer comme
naturalistes plus spécialement chargés de l'étude des mollusques.

En 1880, une première campagne d'exploration fut faite à
bord de l'aviso le *Travailleur*, uniquement dans les eaux du
Golfe de Gascogne. Parti du port de La Rochelle, le *Travailleur* exécuta vingt-trois dragages entre la côte et le 43°45′
de latitude nord et le 7°45′ de longitude ouest, c'est-à dire
entre Bayonne et le cap Peñas, à des profondeurs variant de
420 à 2650 mètres. Dans cette série de dragages on mit au
jour 538 espèces de mollusques testacés, soit 26 Ptéropodes,
208 Gastropodes, 54 Scaphopodes et 250 Lamellibranches,
quelques-unes de ces espèces représentées par un nombre
considérable d'échantillons. Pour donner une idée de la
richesse de cette faune, rappelons que dans les dragages n° 7,
du 25 juillet 1870, et n^c 10, du 26 juillet, la drague ne rap-
porta pas moins de 57 espèces différentes le premier jour et
58 le second (3).

Encouragées par d'aussi beaux résultats, trois nouvelles
expéditions furent successivement entreprises par les mêmes
savants naturalistes, en 1881 et 1882 à bord du *Travailleur*
et en 1883 à bord du *Talisman*, d'un bien plus fort tonnage.
La campagne de 1881 eut pour but de compléter les

(1) *Les fonds de la mer*, III, p. 214.

(2) P. Fischer, Essai sur la distribution géographique des Brachiopodes et des Mollusques du littoral océanique de France, in *Actes Soc. Linnéenne de Bordeaux*,
XXXII (tir. à part, Paris, 1878).

(3) P. Fischer, *Manuel de Conchyliologie*, p. 189.

recherches de 1880 et d'explorer les côtes de la péninsule ibérique dans l'Atlantique, et dans la Méditerranée, les côtes d'Espagne, de France et de Corse.

Les résultats malacologiques obtenus durant ces diverses expéditions du *Travailleur* et du *Talisman* furent enregistrés dans plusieurs rapports ou mémoires sommaires publiés par M. A. Milne-Edwards (1) et par le Dr P. Fischer (2). G. Jeffreys, en décrivant les mollusques du *Lightning* et du *Porcupine* (3) a signalé nombre d'espèces nouvelles récoltées soit par le marquis de Folin dans la fosse du cap Breton, soit par les expéditions du *Travailleur* et du *Talisman*. Nous retrouvons également quelques indications malacologiques dans les publications du marquis de Folin (4) et de MM. les profes-seurs H. Filhol (5) et L. Perrier(6). En 1891, MM. P. Fischer

(1) A. Milne-Edwards, Les explorations sous-marines du « Travailleur » dans l'Océan atlantique et dans la Méditerranée en 1880 et 1881, in *Bulletin de la Société de géographie*, 1er trimestre 1882 (tir. à part, 1 br. in-8 avec 2 cartes, Paris, 1882).

— L'expédition du « Talisman » dans l'Océan atlantique, in *Bulletin hebdoma-daire de l'Association scientifique de France*, 16 et 23 décembre 1883 (tir. à part, 1 br. in-8, Paris, 1884).

(2) P. Fischer, Sur les espèces de mollusques arctiques trouvés dans les grandes profondeurs de l'Océan atlantique inter-tropical, in *Comptes rendus Académie des sciences* (tir. à part, 1 br. in-4, Paris, 1883).

— Diagnoses d'espèces nouvelles de mollusques recueillis dans le cours des expé-ditions scientifiques de l'aviso le « Travailleur » (1880-1881), in *Journal de Con-chyliologie*, XXX, p. 49 et p. 273. — XXXI, p. 391, in-8, Paris, 1882-1883.

— Note additionnelle sur le *Rimula Asturiana (loc. cit.)*, XXX, p. 178, Paris, 1882.

(3) Gwyn Jeffreys, *in Proceeding Zoological Society of London*, 1878 à 1885.

(4) Le marquis de Folin. Sous les mers. Campagne d'exploration du « Travailleur » et du « Talisman » ; 1 vol. in-16 avec 45 figures *(Bibl. scientif. contemporaine)*, Paris.

— Pêches et chasses zoologiques, 1 vol. in-16 avec 117 figures *(loc. cit.)*, Paris, 1893.

(5) H. Filhol, La vie au fond des mers. Les explorations sous-marines et les voyages du « Travailleur » et du « Talisman », 1 vol. gr. in-8 avec 96 figures et 8 planches, Paris.

(6) L. Perrier. Les explorations sous-marines. 1 vol. in-8 avec 243 figures, Paris, 1886.

et P. OEhlert ont donné une magistrale étude des Brachiopodes récoltés durant ces diverses campagnes, du *Travailleur* et du *Talisman* (1). Enfin, nous venons de publier la longue série des Mollusques testacés rapportés à la suite de ces mêmes explorations (2).

Un peu plus tard, en 1886, de nouveaux dragages furent exécutés dans ces mêmes eaux du golfe de Gascogne par les soins de Son Altesse le prince Albert de Monaco, à bord de son yacht l'*Hirondelle;* une série de vingt dragages ont été pratiqués à des profondeurs variant seulement de 7 à 510 mètres, entre le 47°11′ et le 43°12′ de latitude nord, et du 5°37′ au 11°52′ de longitude ouest. M. Ph. Dautzenberg a donné une liste des espèces de Mollusques récoltés durant cette campagne et dont le total s'élève à 168 espèces, soit 3 Ptéropodes, 79 Gastropodes, 6 Scaphopodes, 77 Lamellibranches et 3 Brachiopodes (3).

Enfin, pour terminer la série des recherches pratiquées dans le golfe de Gascogne, nous citerons encore la campagne entreprise par M. le professeur Koëhler de la Faculté des Sciences de Lyon, à bord du *Caudan*, en 1895. Parti du port de Lorient, le *Caudan* put faire vingt-deux dragages dans lesquels on recueillit des Mollusques et des Brachiopodes, entre les 47°36′ et 44°2′ de latitude nord et entre les 7° et 4°25′ de longitude ouest. Les profondeurs atteintes par la drague furent comprises entre 180 et 2200 mètres. Nous avons donné la liste des formes malacologiques rapportées

(1) P. Fischer et P. OEhlert, Expédition scientifique du « Travailleur » et du « Talisman » pendant les années 1880, 1881, 1882, 1883. Brachiopodes, 1 vol. in-4 avec 8 planches, Paris, 1891.

(2) A. Locard, Mollusques testacés (*loc. cit.*), 2 vol. in-4 avec 40 planches, Paris, 1897-1898.

(3) Ph. Dautzenberg, Campagne scientifique du yacht l' « Hirondelle ». Contributions à la faune malacologique du golfe de Gascogne, in *Mémoires de la Société zoologique de France*, IV (tir. à part, 1 br. in-8, 2 planches, Paris, 1891).

par M. le professeur Koëhler, s'élevant à 119, dont 2 Ptéropodes, 43 Gastropodes, 1 Scaphopodes et 70 Lamellibranches,
ainsi que 5 Brachiopodes (1).

La Méditerranée, par suite de la nature vaseuse de ses
grands fonds, est relativement moins riche que l'Atlantique
dans son ensemble. Nous avons cependant plusieurs travaux
importants à signaler et qui ont particulièrement contribué à
l'étude de cette région.

Déjà Risso, dès 1826 (2), avait donné d'intéressantes indications sur l'habitat des Mollusques qui vivent dans la région
des Alpes-Maritimes. Au retour de l'expédition de 1882 du
Travailleur, le Dr P. Fischer publia une première notice sur
la faune abyssale des stations parcourues par ce bâtiment (3).
Nous allons retrouver ces mêmes données accompagnées de
documents plus complets dans les travaux publiés par le labo-
ratoire de zoologie maritime de Marseille.

On doit à M. le professeur Marion, de la Faculté des sciences
de Marseille, une étude très complète de la région qui s'étend
au large de cette ville et qu'il qualifie de golfe de Marseille (4).
Dans un premier travail, il nous fait connaître la configu-
ration du golfe et donne une description très étudiée de la
faune, d'après les milieux et leurs profondeurs. Dans un
second mémoire, il aborde plus particulièrement les zones

(1) A. Locard, Résultats scientifiques de la campagne du « Caudan » dans le golfe
de Gascogne, août-septembre 1895. Mollusques testacés et Brachiopodes, in *Annales
de l'Université de Lyon* (tir. à part, 1 vol. in-8 avec 2 planches, Paris, 1896).

(2) Risso, Histoire naturelle des principales productions de l'Europe méridionale, et
particulièrement de celles des environs de Nice et des Alpes-Maritimes, t. IV, 1 vol.
in-8 avec 12 planches, Paris, 1826.

(3) P. Fischer, Sur la faune malacologique abyssale de la Méditerranée, in *Comptes
rendus Académie des sciences* (tir. à part, 1 br. in-4, Paris, 1882).

(4) A. P. Marion, Esquisse d'une topographie zoologique du golfe de Marseille.
Considérations sur les faunes profondes de la Méditerranée, in *Annales du Musée
d'Histoire naturelle de Marseille, Zoologie*, 1 vol. in-4 avec une carte, Marseille, 1883.

profondes et donne, à ce sujet, d'importantes listes de Mollusques recueillis depuis la zone corallienne jusqu'à 2020 mètres
de profondeur. Une première liste de 69 espèces se rapporte
à la faune de Riou et du Planier, entre 100 et 200 mètres;
une seconde liste de 30 espèces nous montre la faune du plateau Marsilli entre 300 et 450 mètres; enfin une troisième
liste de 76 espèces, a rapport à la faune abyssale draguée par
le « *Travailleur* » depuis 555 mètres jusqu'à 2020 mètres, au-
dessous de la falaise Peyssonnel (1).

Plus à l'ouest, le golfe du Lion a été l'objet de plusieurs
études de M. le professeur G. Pruvot, de la Faculté des sciences
de Grenoble (2). Nous lui devons une étude très complète des
fonds et de la faune de cette région. Ses divisions bathymétriques comprennent : une zone sublittorale et une zone littorale; les régions côtières descendant jusqu'à 250 mètres en
moyenne, et à laquelle appartiennent la presque totalité des
fonds dans le golfe; enfin une région profonde qui occupe
tous les grands fonds méditerranéens au-delà de 250 mètres.
Il donne pour les régions côtières une liste de 219 espèces de
Mollusques testacés, comprenant 112 Gastropodes, 4 Scaphopodes, 103 Lamellibranches et 12 Brachiopodes. La liste des
régions profondes renferme 89 espèces de Mollusques, soit
35 Gastropodes, 2 Scaphopodes, 52 Lamellibranches et 11 espèces de Brachiopodes.

En 1896, un modeste amateur, que la science vient de

(1) C'est à cette source et à celle fournie par les mémoires de Jeffreys, que nous
avons cités plus haut, que le Dr J.-V. Carus a puisé les documents qu'il relève dans
son *Prodromus faunæ mediterraneæ*.

(2) G. Pruvot, Essai sur la topographie et la constitution des fonds sous-marins de
la région de Banyuls, in *Archives de zoologie expérimentale et générale*, 3e s^r.,
II, Paris, 1894.

— Coup d'œil sur la distribution générale des invertébrés dans la région de Banyuls.
(*loc. cit.*, III, Paris, 1895).

— Essai sur les fonds et la faune de la Manche occidentale (côtes de Bretagne),
comparés à ceux du golfe du Lion. *Loc. cit.*, V, avec 6 planches. Paris, 1897.

perdre, M. Edmond Mollerat, entreprit, sur nos instances, des dragages aux alentours de Saint-Raphaël, dans le Var. Plusieurs formes intéressantes et même nouvelles pour notre faune ont été recueillies par M. Mollerat, dans la zone corallienne et même un peu au delà, avec les faibles moyens dont un simple, mais zélé naturaliste, peut disposer (1).

Telles sont les données qui nous ont servi à établir la faune malacologique des grands fonds au large des côtes de France. Ces données, comme on a pu le voir, sont déjà fort importantes, et pourtant elles sont bien loin d'être complètes. Si, à l'occasion de la publication de notre faune littorale, nous faisions ressortir les lacunes trop nombreuses qui restent à combler, que ne dirons-nous pas à propos de la faune des eaux profondes ! Mais, il faut bien le reconnaître, ces explorations présentent des difficultés telles qu'il ne faut pas espérer voir de longtemps, sans doute, de nouvelles campagnes de dragages succéder à celles déjà entreprises à si grands frais, comme celles que nous venons de signaler. Contentons-nous donc pour le moment du peu que nous savons. Notre modeste travail, dût-il servir de simple jalon d'indication pour les explorations de l'avenir, aura encore rempli le but que nous nous sommes proposé.

La marche que nous avons suivie dans l'exposé de nos familles, genres et espèces, est identiquement la même que celle que nous avions adoptée en 1892 pour l'étude des coquilles des côtes de France. Dans ces conditions, notre nouveau travail vient, en quelque sorte, former un complément au premier. Pour éviter toutes redites, nous ne donnerons ici que les descriptions des genres et espèces que nous signalons pour la première fois, et qui, par conséquent, ne figurent pas dans notre première étude, renvoyant à notre

(1) Ed. Mollerat, Résultats de dragages opérés au large des côtes de Saint-Raphael (Var), in *l'Echange*, XII, n° 140 et 141, Lyon, 1896.

publication de 1892, pour les autres espèces déjà connues.

Toutefois, nous avons cru devoir faire intervenir ici un élément nouveau, ou du moins qui ne figurait pas encore dans notre conchyliologie française, nous voulons parler des Mollusques Ptéropodes. Comme on le sait, ces petits êtres sont éminemment pélagiques, mais ils vivent presque exclusivement au large de nos côtes; après leur mort, leur fragile squelette ne tarde pas à être entraîné dans les grands fonds au-dessous du point même où ils ont vécu, quoique parfois emporté plus ou moins loin par les courants sous marins. Dans les dragages au large, on les retrouve parfois en quantité telle qu'ils semblent tapisser presque exclusivement le sol. N'ayant pu les encadrer dans notre faune littorale, où l'on ne les retrouve que d'une façon tout à fait accidentelle, à l'état d'individus isolés, rejetés sur les sables de la plage après les tempêtes, nous avons cru devoir leur donner asile dans ce nouveau mémoire.

Lorsqu'il s'est agi de la faune malacologique de nos côtes, nous avons admis une répartition bathymétrique circonscrite dans des limites relativement restreintes, puisque nous pouvions établir trois zones bien distinctes pour une profondeur de 75 mètres environ. Nous nous sommes demandé s'il n'y avait pas lieu d'établir une classification similaire pour la faune des grands fonds qui s'étalent au delà de la zone corallienne. Plusieurs savants naturalistes ont déjà proposé des divisions bathymétriques toutes plus arbitraires que véritablement logiques. Aucune d'elles ne nous a paru suffisamment exacte pour pouvoir être utilement appliquée. D'autre part, en étudiant la grande faune rapportée par le *Travailleur* et le *Talisman*, nous avons pu relever une liste de 137 espèces susceptibles de vivre impunément à des profondeurs variant de plus de 2000 mètres (1). Nous devons donc en conclure

(1) A. Locard, *Exp. Trav. Talism.*, II, p. 454, 1898.

que pour la faune marine, comme du reste pour la faune terrestre, les zones bathymétriques comme les zones d'altitude, ont une étendue d'autant plus grande qu'elles s'écartent davantage du niveau normal de la mer.

Si nous résumons les données nouvelles fournies par les dragages pratiqués jusqu'à ce jour au large des côtes de France, nous constaterons que cette faune nouvelle représente un total de 642 espèces. Dans ce nombre, 32 genres sont nouveaux pour notre faune, savoir, outre les Ptéropodes : 17 genres pour les Gastropodes, 12 pour les Lamellibranches et 3 pour les Brachiopodes.

Pour comparer les éléments de la faune côtière, ne dépassant pas la zone corallienne, avec la faune profonde et la faune pélagique du large, nous établirons le tableau suivant :

	FAUNE CÔTIÈRE	FAUNE PÉLAGIQUE	FAUNE ABYSSALE	ESPÈCES NOUVELLES	FAUNE COMPLÈTE
Ptéropodes . . .	»	17	»	1	17
Gastropodes . .	777	»	341	162	939
Scaphopodes . .	11	»	25	19	30
Lamellibranches .	384	»	242	97	481
Brachiopodes . .	14	»	17	7	21
Totaux. . .	1.186	17	645	286	1.488

Ainsi donc, avec les données actuelles de nos connaissances scientifiques, nous pouvons affirmer aujourd'hui que la faune conchyliologique marine française renferme un total minimum de 1438 espèces bien distinctes, tant au large qu'au voisinage immédiat de nos côtes.

Lyon, 28 novembre 1893.

PTEROPODA

THECOSTOMATA

TESTACEA

CAVOLINIIDÆ

Coquille mince, fragile, non spirale, en forme de cornet plus ou moins aplati, non operculée.

Genre CAVOLINIA, Gioeni.

Coquille globuleuse, à face ventrale bombée ; ouverture plus étroite que la cavité interne ; une fissure de chaque côté du test ; face dorsale plus longue que la face ventrale, prolongée en avant de l'ouverture.

Cavolinia tridentata, Forskal.

> *Anomia tridentata*, Forsk., 1775. *Anim. Hauniæ,* p. 124. — *C. tridentata*, P. Fischer, 1882. *Man. conch.*, p. 434. — Locard, 1897. *Exp. Trav.*, I, p. 6.

Galbe subglobuleux un peu déprimé ; face inférieure globuleuse, striée transversalement en avant ; face supérieure plane, avec 2 pointes latérales peu saillantes ; 5 côtes convergent vers une pointe médiane, courte et droite ; ouverture avec le bord épanoui et allongé. — L. 18 ; l. 10 ; H. 8 millimètres.

Golfe de Gascogne, fosse du cap Breton, à 60 mètres ; au large de Marseille, à 555 mètres de profondeur (1).

Cavolinia gibbosa, Rang.

> *Hyalæa gibbosa*, Rang, *in* d'Orb., 1840. *Voy. Amér. mérid.*, p. 95, pl. 5, fig. 16-20. — *C. gibbosa*, Loc., 1886. *Prodr.*, p. 22. — 1897. *Exp. Trav.*, I, p 8.

Subovoïde globuleux ; face inférieure très gibbeuse, tronquée droit en avant et striée transversalement ; face supérieure également bombée, avec

---

(1) Les Ptéropodes sont des Mollusques essentiellement pélagiques ; les profondeurs que nous relevons sont celles où leur coquille a été draguée.

2 pointes latérales larges et courtes ; 5 côtes convergent vers une pointe
médiane assez longue et aiguë ; ouverture avec le bord supérieur assez
saillant et abaissé au-devant d'elle. — L. 11 ; l. 6 ; H. 6 millimètres.

Golfe de Gascogne ; au large des côtes de Provence.

Cavolinia uncinata, RANG.

Hyalæa uncinata, Rang, *in* d'Orb., 1840. *Voy. Amér. mérid.*, p. 93, pl. 5,
fig. 11 *(non* Höninghaus *in* Philippi).

Ovoïde globuleux ; face inférieure très gibbeuse avec striations antérieures ; face supérieure aplatie, avec 2 pointes latérales très aiguës,
infléchies latéralement ; 5 côtes très accusées, convergent vers une pointe
longue, acuminée et arquée ; ouverture presque entièrement masquée par
le bord inférieur qui s'abaisse en avant. — L. 7 ; l. 5 ; H. 4 millimètres.

Golfe du Lion, au large de Marseille.

Cavolinia trispinosa, LESUEUR.

Hyalæa trispinosa, Les., *in* Blainv., 1821. *Dict.*, XII, p. 82. — *C. trispinosa*,
Loc., 1886. *Prodr.*, p. 22. — 1897. *Exp. Trav.*, I, p. 11.

Subtrigone déprimé ; face inférieure convexe, lisse ; face supérieure
subdéprimée, 2 pointes latérales longues dirigées en dehors ; 5 côtes rayonnantes, la médiane peu distincte, convergent toutes vers une pointe
médiane, très longue, presque droite ; ouverture avec le bord supérieur
à peine un peu plus long. — L. 11 ; l. 8 ; H. 3 millimètres.

Golfe de Gascogne, entre 400 et 1020 mètres ; fosse du cap Breton ; au
large des Alpes-Maritimes.

Cavolinia inflexa, LESUEUR.

Hyalæa inflexa, Les., 1812, in *Bull. Soc. phil.*, III, p. 285, pl. 5, fig. 4. —
C. inflexa, Loc., 1886. *Prodr.*, p. 22. — 1897. *Exp. Trav.*, I, p. 12.

Subtrigone très allongé, un peu renflé ; face inférieure déprimée-
convexe, lisse ; face inférieure renflée, 2 épines petites, dirigées en
dehors ; 3 côtes rayonnantes convergent vers une pointe médiane très
longue et fortement recourbée ; ouverture ovalaire, avec les bords saillants aigus et tranchants. — L. 7 ; l. 4 ; H. 2 millimètres.

Golfe de Gascogne, entre 650 et 2650 mètres ; fosse du cap Breton, à
435 mètres ; au large de Marseille, entre 555 et 1865 mètres.

Genre CLEODORA, Péron et Lesueur.

Coquille pyramidale, mince, fragile, transparente; ouverture plus large que la cavité interne, extrémité effilée, terminée par un petit renflement globuleux; pas de fentes latérales.

Cleodora cuspidata, Bosc.

Hyalæa cuspidata, Bosc, 1812. *Hist. Nat. Coq.*, II, p. 240, pl. 9, fig. 5-7. — — *C. cuspidata*, Quoy, Gaym., 1833. *Voy. Astrolabe*, II, p. 384, pl. 27, fig. 1-5. — Loc., 1897. *Exp. Trav.*, I, p. 17.

Subpyramidal; face inférieure convexe et presque lisse dans le milieu, déprimée et costulée latéralement; face supérieure avec une carène médiane séparant deux plans latéraux costulés avec un sillon longitudinal médian, terminée par un rostre épineux, allongé et un peu arqué; 3 épines droites, très aiguës, très longues, dont 2 latérales et une carénale; ouverture triangulaire. — L. et l. 16; H. 5 millimètres.

Golfe de Gascogne, entre 675 et 2650 mètres; au large des Alpes-Maritimes.

Cleodora pyramidata, Linné.

Clio pyramidata, Linné, 1767. *Syst. nat.*, éd. XII, p. 1094. — *Cl. pyramidata*, Soul., 1852. *Voy. Bonite*, II, p. 6, fig. 17-25. — Loc., 1897. *Exp. Trav.*, I, p. 14.

Pyramidal déprimé; face inférieure un peu concave, avec une saillie médiane arrondie; face supérieure avec une carène médiane séparant deux plans latéraux munis d'une saillie médiane peu accusée, le tout à peine striolé; 2 pointes latérales courtes et droites, avec pointe médiane plus allongée, droite; ouverture triangulaire. — L. 15; l. 11; H. 5 millimètres.

La Manche, région normande; l'Atlantique, régions armoricaine et aquitanique; golfe de Gascogne, jusqu'à 2650 mètres; au large de Marseille, à 555 mètres; au large des Alpes-Maritimes.

Genre CRESEIS, Rang.

Coquille très étroitement conique-allongée, aciculée, transparente, fragile, droite ou légèrement courbe; extrémité postérieure à peine renflée; ouverture arrondie.

Creseis acicula, RANG.

Cleodora acicula, Rang, 1828, in *Ann. sc. nat.*, XIII, p. 317. — *C. acicula*,
Loc., 1896. *Prodr.*, p. 24.

Très étroitement allongé en forme d'aiguille, sans côte ni sillon, tronqué
transversalement en avant et se rétrécissant graduellement jusqu'à son
extrémité postérieure, terminé par un petit renflement peu accusé; ouverture circulaire à bords tranchants. — L. 25; D. 1 millimètre.

La Méditerranée, au large des Alpes-Maritimes.

Creseis virgulata, RANG.

Cleodora virgula, Rang, 1828, in *Ann. sc. nat.*, XVIII, p. 316, pl. 17, fig. 2-3.
— *C. virgula*, Guér.-Men., 1844. *Icon. règne anim.*, pl. V, fig. 9. — Loc.,
1886. *Prodr.*, p. 24.

Voisin du *C. acicula*, un peu moins grêle et un peu moins allongé;
extrémité postérieure plus ou moins courbée vers la face dorsale. —
L. 6; D. 1 millimètre.

La Méditerranée, au large des Alpes-Maritimes.

Genre STYLIOLA, Lesueur.

Coquille conoïde, étroitement allongée, terminée postérieurement par
une petite dilatation ovoïde; face dorsale munie d'une rainure légèrement
oblique; ouverture circulaire, avec une sorte de rostre du côté dorsal.

Styliola subulata, QUOY ET GAYMARD.

Cleodora subula, Quoy, Gaym., 1827. *In Ann. sc. nat.*, X, p. 233, pl. 8, fig. 1-3.
— *S. subulata*, P. Fisch., 1882. *Man. conch.*, p. 437. — Loc., 1897. *Exp.*
Trav., I, p. 18.

Conique allongé, obliquement tronqué en avant; test orné de stries
transverses très fines; ouverture oblique, à bords tranchants et irréguliers. — L. 10; D. 1 millimètre.

Golfe de Gascogne, jusqu'à 2020 mètres; au large de Marseille, jusqu'à 1865 mètres; au large des Alpes-Maritimes.

LIMACINIDÆ

Coquille héliçoïdale, sénestre, à spire plus ou moins développée; opercule semi-elliptique, pancispiré, vitreux.

Genre LIMACINA, Cuvier.

Coquille globuleuse, largement ombiliquée; spire courte; ouverture large, prolongée à la base ; columelle réfléchie ; labre simple, arqué.

Limacina helicina, Phipps.

Clio helicina, Phipps, 1774. *Voy. North Pole*, p. 145. — *L. helicina*, Soul., 1852. *Monogr.*, n° 61. — Loc., 1897. *Exp. Trav.*, I, p. 21.

Subdiscoïde; spire très peu haute, 5 à 6 tours convexes, le dernier très grand, presque semi-cylindrique ; ombilic grand, profond, circulaire ; ouverture subquadrangulaire, allongée dans le bas, à bords tranchants ; test orné de plis longitudinaux très fins et réguliers. — D. 3 à 4 ; H. 1 à 3 millimètres.

Golfe de Gascogne, au large des côtes de Provence, à 1525 mètres ; au large des Alpes-Maritimes.

Genre SPIRIALIS, Eydoux et Souleyet.

Coquille conoïde, étroitement ou non ombiliquée ; spire saillante, turriculée ; ouverture ovale, anguleuse ; columelle réfléchie ; opercule paucistrié.

Spirialis retroversa, Fleming.

Heterofusus retroversus, Flem., 1823, in *Vern. Nat. Hist. Soc.*, IV, p. 498, pl. XV, fig. 2. — *S. retroversus*, Jeffr., 1869. *Brit. conch.*, V, p. 115, pl. 4, fig. 4 ; pl. 98, fig. 4-5. — *Limacina retroversa*, Loc., 1897. *Exp. Trav.*, I, p. 24.

Conoïde court et trapu ; spire un peu courte, 6 à 7 tours bien étagés, convexes, le dernier égal (1) au 1/3 de la hauteur totale, un peu étroitement arrondi ; ombilic distinct, profond; ouverture étroitement piriforme ; test lisse ou presque lisse. — H. 2,8 ; D. 2 millimètres.

Golfe de Gascogne, jusqu'à 2450 mètres; au large de la Bretagne.

Spirialis balea, Möller.

Limacina balea, Möll., 1841. *Nat. Tidssk.*, I, III, p. 8. — *S. balea*, G.O. Sars, 1878. *Moll. Norv.*, p. 329, pl. 29, fig. 2. — *Limacina balea*, Loc., 1897. *Exp. Trav.*, I, p. 25.

Conoïde assez allongé ; spire haute, 9 à 10 tours convexes, un peu étagés, le dernier plus petit que les 2/3 de la hauteur totale, largement

(1) Ouverture comprise.

arrondi ; ombilic très étroit, en partie couvert ; ouverture piriforme ; test très finement striolé. — H. 4,8 ; D. 3 millimètres.

Golfe de Gascogne, au large des côtes de l'Atlantique.

Spirialis bulimoides, D'ORBIGNY.

Limacina bulimoides, d'Orb., 1840. *Voy. Amér. Mérid.*, p. 179. pl. 12, fig. 36-38. — *S. bulimoides*, Eyd., Soul., *in* Guér.-Men., 1840. *Mag. Zool.*, p. 238. — *Limacina bulimoides*, Loc., 1897. *Exp. Trav.*, I, p. 26.

Conoïde bien allongé ; spire très haute, 5 tours convexes, non étagés, le dernier égal aux 2/3 de la hauteur totale, très largement convexe, lentement atténué dans le bas ; ombilic presque nul ; ouverture subquadrangulaire ; test paraisssant lisse. — H. 2 ; D. 1 millimètre.

Golfe de Gascogne, jusqu'à 2020 mètres ; au large des côtes de l'Atlantique.

Genre PERACLE, Forbes.

Coquille physoïde ; spire assez courte, très tordue ; ombilic nul ; ouverture prolongée à la base en un canal allongé, aigu et recourbé.

Peracle diversa, DE MONTEROSATO.

Spiralis diversa, Mtr., 1875. *Nuova rev.*, p. 50. — *P. diversa*, Mtr., 1880, in *Bull. malac. ital.*, VI, p. 80. — Loc., 1897. *Exp. Trav.*, I, p. 29, pl. 1, fig. 4-6.

Physoïdal allongé ; spire haute, 3 à 4 tours bien convexes, très tordus, le dernier 8 à 9 fois plus grand que le reste de la coquille, arrondi à sa naissance, extrêmement allongé dans le bas ; ouverture piriforme, terminée dans le bas par une épine très fine, très longue et recourbée. — H. 6 à 7 ; D. 3 1/2 à 4 millimètres.

Au large de Marseille, jusqu'à 1865 mètres.

Genre PROTOMEDEA.

Coquille discoïde globuleuse, pancispirée ; spire peu haute ; ouverture très large, subtrigone ; labre rostré à sa partie moyenne, parfois muni de trois prolongements épineux.

Protomedea inflata, D'ORBIGNY.

Atlanta inflata, d'Orb., 1840. *Voy. Amér. mérid.*, p. 174, pl. 12, fig. 16 et 19. — *Limacina inflata*, Loc., 1897. *Exp. Trav.*, I, p. 22.

Nautiliforme-renflé; sommet ne dépassant pas le niveau du dernier
tour, 3 tours convexes, le dernier arrondi, dilaté à l'extrémité, se pour-
suivant dans sa partie médiane en un rostre allongé et arqué; ombilic
accusé; ouverture subcordiforme, à bords désunis, un peu échancrés
latéralement. — D. 1 1/2; H. 1/2 millimètres.

Golfe de Gascogne, jusqu'à 1110 mètres; au large des Alpes -Maritimes.

Protomedea triacantha, P. Fischer.

Embolus triacanthus, P. Fisch., 1882, in *Journ. conch.*, XXX, p. 49. — *P.
triacantha*, in Loc., 1897. *Exp. Trav.*, I, p. 27, pl. I, fig. 1-3.

Nautiliforme, peu haut à sa naissance, très dilaté à son extrémité;
sommet dépassant le niveau du dernier tour à sa naissance; 3 tours, le
dernier extrêmement grand, à profil subrectangulaire, se prolongent en
trois épines allongées et saillantes; ombilic très petit; ouverture grande,
subpolygonale, à bords découpés. — D. 4 1/2; H. 1 millimètre.

Golfe de Gascogne, jusqu'à 1040 mètres.

GASTROPODA
OPISTHOBRANCHIATA

TECTIBRANCHIATA

PHILINIDÆ

Conchyliologie française, p. 18.

Genre PHILINE, Ascanias.

Conch. franç., p. 18.

A. — Groupe du *Ph. aperta*.

Coquille de taille moyenne, test lisse ou presque lisse.

Philine aperta, LINNÉ.

Conch. franç., p. 19, fig. 5.

Golfe du Lion, depuis (1) la zone herbacée jusqu'à 250 mètres.

Philine apertissima, DE FOLIN.

Ph. apertissima, Fol., 1893. *Pêches et chasses zool.*, p. 147, fig. 62.

Galbe voisin du *Philine aperta*, plus petit, plus élargi, proportionnelle-ment moins haut; spire peu développée; ouverture extrêmement grande; test hyalin avec columelle blanchâtre, à peine orné de striations irrégu-lières et très finement fossulées. — H. 8; D. 5, 2 millimètres.

Golfe de Gascogne, fosse du cap Breton.

B. — Groupe du *Ph. scabra*.

Coquille de petite taille, test ornementé.

(1) Il est entendu, une fois pour toutes, que le terme : *depuis la zone herbacée* doit se lire : *la zone herbacée comprise.*

Philine scabra, MULLER.

Conch. franç., p. 19, fig. 6. — 1897. *Exp. Trav.*, I, p. 37.

Golfe de Gascogne, depuis la zone herbacée jusqu'à 1020 mètres; golfe du Lion, jusqu'à 250 mètres; au large de Marseille, entre 58 et 200 mètres.

Philine catenata, MONTAGU.

Conch. franç., p. 19. — 1897. *Exp. Trav.*, I, p. 38.

Golfe de Gascogne, depuis la zone herbacée jusqu'à 1020 mètres.

Philine striatula, JEFFREYS.

Ph. striatula, Jeffr., *in* Loc., 1897. *Exp. Trav.*, I, p. 40, pl. 1, fig. 10-14.

Voisin du *Philine catenata*, plus plan en dessus, plus rapidement élargi; dernier tour plus petit et plus étroitement arrondi à sa naissance; ouverture plus étroite, subrectangulaire; bord columellaire bien moins arqué; test bien plus finement strié, avec de simples vacuoles puncti-formes. — H. 3; D. 2 millimètres.

Golfe de Gascogne, entre 675 et 815 mètres.

Philine quadrata, S. WOOD.

Conch. franç., p. 20. — 1897. *Exp. Trav.*, I, p. 39.

Golfe de Gascogne, depuis la zone herbacée jusqu'à 1020 mètres.

Philine Monterosatoi, JEFFREYS.

Conch. franç., p. 20.

Golfe de Gascogne, à 165 mètres; au large de Marseille, depuis la zone corallienne jusqu'au delà de 300 mètres.

SCAPHANDRIDÆ

Conch. franç., p. 21.

Genre SCAPHANDER, de Montfort.

Conch. franç., p. 21.

Scaphander lignarius, LINNÉ.

Conch. franç., p. 21, fig. 7. — 1897. *Exp. Trav.*, I, p. 42.

Golfe de Gascogne, depuis la zone herbacée jusqu'à 435 mètres; au large de Marseille, entre 100 et 250 mètres.

Scaphander punctostriatus, Michels.

Conch. franç., p. 22. — 1897. *Exp. Trav.*, I, p. 45.

Golfe de Gascogne, de 400 à 1190 mètres.

BULLIDÆ

Conch. franç., p. 22.

Genre BULLA, Linné.

Conch. franç., p. 22.

B. — Groupe du *B. utriculata*.

Coquille de petite taille, subglobulaire; test strié.

Bulla utriculata, Brocchi.

Conch. franç., p. 23, fig. 9.

Golfe de Gascogne, depuis la zone herbacée jusqu'à 155 mètres; fosse du cap Breton, à 410 mètres.

Bulla semilævis, Jeffreys.

B. semilævis, Jeffr., *in* Seguen., 1879, *in Mem. accad. Lincei*, p. 251, pl. 16, fig. 5. — Loc., 1897. *Exp. Trav.*, I, p. 57, pl. I, fig. 23-25.

Ovoïde ventru; spire ombiliquée; avant-dernier tour haut, à profil ovalaire; ouverture rétrécie, presque aussi étroite en bas qu'en haut, dépassant dans le haut l'avant-dernier tour; test régulier, avec quelques stries obsolètes en haut et en bas, constituées par des vacuoles très atténuées. — H. 6; D. 4 millimètres.

Golfe de Gascogne, entre 670 et 2650 mètres; au large de Marseille, à 555 mètres.

Bulla pinguicula, Jeffreys.

B. pinguicula, Jeffr., *in* Loc., 1897. *Exp. Trav.*, I, p. 57, pl. I, fig. 26-30.

Globuleux à peine ovoïde; spire étroitement ombiliquée; avant-dernier tour court et arrondi; ouverture notablement plus étroite en haut qu'en bas, ne dépassant pas dans le haut l'avant-dernier tour; test épaissi, roux très clair, entièrement orné de stries fines, espacées, constituées par des séries de vacuoles circulaires très rapprochées. — H. 5 à **7**; D. 4 à 5 millimètres.

Golfe de Gascogne, entre 940 et 1350 mètres.

Bulla Guernei, Dautzenberg.

B. Guernei, Dtz., 1889. *Contr. malac. Açores*, p. 24, pl. I, fig. 5. — Loc., 1897. *Exp. Trav.*, I, p. 60.

Ovoïde-globuleux ; spire très étroitement ombiliquée ; avant-dernier tour un peu haut, largement arrondi ; ouverture réniforme, un peu plus large en bas qu'en haut, dépassant dans le haut l'avant-dernier tour ; columelle presque droite et épaissie ; test assez solide, lisse et luisant, orné dans le bas de quelques stries décurrentes espacées, bien apparentes. — H. 3 ; D. 2 millimètres.

Golfe de Gascogne, dans les grands fonds (1).

CYLICHNIDÆ

Conch. franç., p. 25.

Genre CYLICHNA, Lovén.

Coquille subcylindrique, à sommet non apparent ; ouverture étroite, arrondie en bas ; labre aigu ; columelle formant un pli plus ou moins évasé ; test mince, diaphane, régulier ; pas d'opercule.

A. — Groupe du *C. cylindracea*.

Coquille assez grande, galbe cylindrique.

Cylichna cylindracea, Pennant.

Conch. franç., p. 25, fig. 12. — 1897. *Exp. Trav.*, I, p. 68.

Golfe de Gascogne, entre 20 et 200 mètres.

B. — Groupe du *C. umbilicata*.

Coquille petite, galbe subovoïde.

---

(1) Le *Bulla Guernei* a été signalé dans les grands fonds du golfe de Gascogne, sans indication bathymétrique. M. de Bourry l'a récolté à l'état de coquille morte dans les sables de la plage d'Arcachon.

Cylichna umbilicata, MONTAGU.

Conch. franç., p. 26, fig. 13. — 1897. *Exp. Trav.*, 1, p. 66.

Golfe de Gascogne, depuis la zone herbacée jusqu'à 1190 mètres ; fosse du cap Breton, entre 110 et 195 mètres.

Cylichna ovata, JEFFREYS.

C. ovata, Jeffr., 1880, in *Ann. mag. nat. Hist.*, VI, p. 326. — Loc., 1897. *Exp. Trav.*, p. 69.

Voisin du *Cylichna umbilicata*, plus conoïde, plus étroit et plus troncatulé en haut, plus large en bas ; ouverture plus haute et plus rétrécie en haut, plus arrondie en bas. — H. 2 à 3 ; D. 1 1/2 à 3 millimètres.

Golfe de Gascogne, entre 1190 et 1350 mètres.

Cylichna obesiuscula, DE MONTEROSATO.

C. obesiuscula, Mtr., 1877. *In Bull. malac. Ital.*, III, p. 39, pl. I, fig. 7. — Loc., 1897. *Exp. Trav.*, p. 71.

Fortement conoïde, étroit et subcylindrique en haut, ovoïde arrondi en bas, troncatulé au sommet ; ouverture dépassant en haut l'avant-dernièr tour, étroitement linéaire en haut, élargie et arrondie à la base ; columelle subplissée. — H. 5 ; D. 3 millimètres.

Au large de Marseille, à 555 mètres.

Genre TORNATINA, A. Adams.

Coquille petite, subcylindrique, à sommet apparent, hétérostrophe ; suture canaliculée ; ouverture étroite, arrondie en bas ; columelle plus ou moins plissée ; test mince, hyalin, pas d'opercule (1).

Tornatina obesa, JEFFREYS.

T. obesa, Jeffr., *in* Loc., 1897. *Exp. Trav.*, I, p. 73, pl. 2, fig. 25-28.

Subovoïde court et très trapu, tronqué droit et à peine rétréci en haut, un peu brusquement atténué en bas ; spire plane, 3 tours limités par une

---

(1) Dans notre *Conchyliologie française* (p. 27), nous avons réuni ces formes dans un troisième groupe C du genre *Cylichna*. Etant donné l'allure toute particulière du sommet, nous estimons qu'il y a lieu de les admettre dans le genre *Tornatina* d'A. Adams.

arête anguleuse; sommet petit, obtus, subarrondi ; ouverture étroite, subanguleuse en bas; columelle peu arquée; test faiblement plissé en haut. — H. 3; D. 2 1/2 millimètres.
Golfe de Gascogne, à 1110 mètres.

Tornatina pusillina, LOCARD.

T. pusillina, Loc., 1897. *Exp. Trav.*, I, p. 75, pl. 2, fig. 29-30.

Très petit, ovoïde, un peu plus atténué en bas qu'en haut; spire presque plane, 2 1/2 tours; suture canaliculée; sommet gros, mamelonné-déprimé; ouverture assez large, évasée à la base; columelle bien arquée; test avec quelques plis en haut. — H. 2; D. 3/4 millimètre.
Golfe de Gascogne, à 1020 mètres.

Genre AMPHISPHYRA, Lovén.

Conch. franç., p. 29.

Amphisphyra expansa, JEFFREYS.

Conch. franç., p. 29. — 1897. *Exp. Trav.*, I, p. 77.

Golfe de Gascogne, depuis la zone corallienne jusqu'à 680 mètres.

Amphisphyra globosa, LOVÉN.

A. globosa, Lov., 1846. *Moll. Scand.*, p. 143. — Loc., 1897. *Exp. Trav.*, I, p. 78.

Globuleux, à peine un peu plus atténué en haut qu'en bas; spire peu visible; avant-dernier tour court et bien arrondi; ouverture un peu plus haute que le sommet, étroite et anguleuse en haut, dilatée-arrondie en bas; columelle flexueuse; ombilic distinct. — H. 4; D. 3 3/4 millimètres.
Golfe de Gascogne, depuis la zone corallienne jusqu'à 1110 mètres.

Amphisphyra quadrata, DE MONTEROSATO.

A. quadrata, Mtr., 1874, in *Journ. conch.*, XXII, p. 280. — Loc., 1886. *Pr.*, p. 75.

Plus large que haut; spire tronquée, 3 tours renflés, anguleux dans le haut; suture excavée; ouverture presque carrée, bord externe bien détaché; columelle droite; ombilic profond; test très fragile, lisse, transparent. — H. 3 3/4; D. 4 millimètres.
Golfe de Gascogne, zone corallienne et au-delà.

VOLVULIDÆ

Conch. franç., p. 30.

Genre VOLVULA, A. Adams.

Conch. franç., p. 30.

Volvula acuminata, BRUGUIÈRE.

Conch. franç, p. 30, fig. 16.

Golfe de Gascogne, fosse du cap Breton, entre 60 et 145 mètres.

ACTÆONIDÆ

Conch. franç., p. 31.

Genre ACTÆON, D. de Montfort.

Conch. franç., p. 31.

A. — Groupe de l'**A**. *exilis*.

Galbe allongé.

Actæon exilis, JEFFREYS.

A. exilis, Jeffr., 1870, in *Ann. mag. nat. Hist.*, VI, p. 85. — Loc., 1897.
Exp. Trav., I, p. 79, pl. 3, fig. 1-3.

Fusiforme allongé; spire haute, plus ou moins acuminée, 5 tours à
peine étagés, le dernier égal aux 2/3 tiers de la hauteur totale; ouverture étroitement piriforme, égale aux 2/5 de la hauteur; columelle
non plissée; test épaissi, orné de séries décurrentes de vacuoles arrondies, petites, non jointives. — H. 5 à 10; D. 2 à 3 1/2 millimètres.

Golfe de Gascogne, entre 370 et 2650 mètres.

Actæon nitidus, VERRILL.

A. nitidus, Verr., 1880, in *Trans. Connect. acad.*, V, p. 540, pl. 58, fig. 21. —
Loc., 1896. *Camp. Caud.*, p. 136.

Etroitement fusiforme; spire allongée, obtuse au sommet; 4 à 5 tours
non étagés, le dernier égal à un peu moins des 3/4 de la hauteur totale;
ouverture étroitement piriforme, égale à un peu plus de la 1/2 hauteur;
columelle faiblement plissée; même test. — H. 8; D. 3 millimètres.

Golfe de Gascogne, entre 960 et 1710 mètres.

B. — Groupe de l'*A. tornatilis*.

Galbe ovoïde.

Actæon tornatilis, Linné.

Conch. franç., p. 31, fig. 17.

Golfe de Gascogne, fosse du cap Breton, à 145 mètres.

Actæon pusillus, Forbes.

Tornatella pusillus, Forb., 1843. *Rep. Æg. inv.*, p. 191. — *A. pusillus*, Mtr , 1875. *Nuov. rev.*, p. 46. — Loc., 1897. *Exp. Trav.*, I, p. 82, pl. 3, fig. 4-7.

Ovoïde court, presque régulier; spire peu haute, obtuse, 6 à 7 tours étagés, légèrement convexes, le dernier égal aux 4/5 de la hauteur totale; suture linéaire; ouverture étroitement piriforme, subcanaliculée en haut, étroitement arrondie en bas, plus grande que la 1/2 hauteur; bord columellaire plissé; test orné de séries décurrentes de vacuoles arrondies, très petites, presque jointives. — H. 9; D. 5 millimètres.

Golfe du Lion, au delà de 250 mètres; au large de Marseille, falaise Peyssonnel, entre 500 et 700 mètres.

Actæon Monterosatoi, Dautzenberg.

A. Monterosatoi, Dtz., 1889. *Contr. malac. Açores*, p. 21, pl. 1, fig. 2. — Loc., 1897. *Exp. Trav.*, 1, p. 84.

Ovoïde allongé, plus atténué en haut qu'en bas; spire assez haute, 5 tours étagés, le dernier renflé, égal aux 3/4 de la hauteur totale; suture bien marquée; ouverture très étroitement piriforme surtout dans le haut, subanguleuse en bas; bord columellaire non plissé; test orné de séries de vacuoles arrondies, assez grandes, non jointives. — H. 5 1/2; D. 3 millimètres.

Golfe de Gascogne, à 1020 mètres.

Actæon globulinus, Forbes.

Conch. franç., p. 31.

Au large de Marseille, zone corallienne et au delà.

RINGICULIDÆ
Conch. franç., p. 31.

Genre RINGICULA, Deshayes.
Conch. franç., p. 32.

Ringicula buccinea, Brocchi.
Conch. franç., p. 32.

Golfe de Gascogne, fosse du cap Breton, entre 40 et 145 mètres.

Ringicula leptochila, Brugnone.
Conch. franç., p. 32. — 1897. *Exp. Trav.*, I, p. 91.

Golfe de Gascogne, entre 10 et 1190 mètres ; au large de Marseille, falaise Peyssonnel, entre 500 et 700 mètres.

Ringicula Passieri, Morlet.
R. Passieri, Morl., 1878, in *Les fonds de la mer*, III, p. 276, pl. 9, fig. 6. — 1880, in *Journ. Conch.*, XXVIII, p. 157, pl. 5, fig. 5 — Loc., 1886. *Pr.*, p. 80.

Légèrement ventru, un peu allongé ; spire haute ; 7 à 7 1/2 tours convexes, le dernier égal aux 2/3 de la hauteur totale, arrondi à la base ; suture bordée ; ouverture piriforme ; columelle garnie de 3 plis minces ; labre épaissi, saillant en dehors ; test orné de stries décurrentes très prononcées et assez espacées. — H. 5 1/2 ; D. 3 1/2 millimètres.

Golfe de Gascogne, fosse du cap Breton.

PROSOBRANCHIATA

SIPHONOSTOMATA

CYPRÆIDÆ
Conch. franç., p. 37.

Genre TRIVIA, Gray.
Conch. franç., p. 37.

Trivia Europæa, Montagu.
Conch. franç., p. 37, fig. 23.

Golfe du Lion, depuis la zone littorale, jusqu'à 250 mètres (1).

(1) Il est fort probable qu'il faudra ajouter au *Trivia Europæa* les *Tr. Jousseaumei*

Trivia Mollerati, Locard.

Tr. Mollerati, Loc., 1894, in *l'Echange*, X, p. 131. — 1897. *Exp. Trav.*, I, p. 104. pl. 3, fig. 16-18.

Voisin du *T. pullicina;* taille plus petite, galbe plus court et bien plus trapu, globuleux, pilulaire ; test plus solide, plus épais, cordons décurrents plus forts, plus accusés, jamais atténués ; coloration plus pâle. — H. 4 1/2 à 6 ; D. 4 à 5 millimètres.

Au large de Saint-Raphaël (Var), zone corallienne et au delà.

Genre CYPRÆA, Gray.
Conch. franç., p. 38.

Cypræa lurida, Linné.

Conch. franç., p. 38, fig. 24. — 1897. *Exp. Trav.*, I, p. 99.

Côtes de Provence, entre 20 et 300 mètres.

MARGINELLIDÆ
Conch. franç., p. 39.

Genre ERATO, Risso.
Conch. franç., p. 39.

Erato lævis, Donovan.

Conch. franç., p. 39, fig. 25.

Golfe de Gascogne, depuis la zone herbacée jusqu'à 165 mètres ; golfe du Lion, depuis la zone herbacée jusqu'à 250 mètres ; au large de Marseille, entre 40 et 200 mètres.

Genre GIBBERULA, Swainson.

Coquille très petite, subovoïde, à spire légèrement saillante ; les plis columellaires principaux en avant, les autres très faibles (1),

et *Tr. pullicina* qui nous paraissent avoir été souvent confondus avec lui, et qui ont été dragués sur les côtes de Provence dans la zone corallienne.

(1) Il convient de faire rentrer dans le genre *Gibberrula* de Swainson, les trois formes que nous avions inscrites dans notre *Conchyliologie française* (p. 41), dans le groupe C des *Marginella*.

Gibberula occulta, DE MONTEROSATO.

Marginella occulta, Mtr.., *in* Loc., 1892. *Conch., franç.*, p. 41. — *G. occulta*,
Loc., 1897. *Exp. Trav.*, I, p. 132.

Golfe du Lion, depuis la zone herbacée jusqu'à 250 mètres; au large
de Marseille, entre 40 et 555 mètres.

Gibberula clandestina, BROCCHI.

Marginella clandestina, Broc., *in* Loc., 1892. *Conch. franç.*. p. 41.

Au large de Marseille, entre 500 et 700 mètres.

CONIDÆ
Conch. franç., p. 41.

Genre CONUS, Linné.
Conch. franç., p. 42.

Conus Mediterraneus, BRUGUIÈRE.

Conch. franç., p. 42, fig. 29.

Golfe de Gascogne, à 155 mètres.

COLUMBELLIDÆ
Conch. franç.. p. 42.

Genre COLUMBELLA, de Lamarck.
Conch. franç., p. 43.

B. — Groupe du *C. scripta*.

Galbe lancéolé; dernier tour peu renflé.

Columbella scripta, LINNÉ.

Conch. franç., p. 44, fig. 31. — 1897. *Exp. Trav.*, I, p. 130.

Golfe de Gascogne, depuis la zone herbacée jusqu'à 1080 mètres.

Columbella Gervillei, PAYRAUDEAU.

Conch. franç., p. 44. — 1897. *Exp. Trav.*, I p. 180.

Golfe de Gascogne, à 608 mètres.

C. — Groupe du *C. minor.*

Coquille de petite taille, très effilée; test lisse.

Columbella minor, SCACCHI.

Conch. franç., p. 45, fig. 32. — 1897. *Exp. Trav.*, I, p. 141.

Golfe du Lion, depuis la zone herbacée jusqu'à 250 mètres et au delà.

Genre ANACHIS, H. et A. Adams.

Coquille de petite taille, fusiforme, un peu courte ; spire élevée ; test orné de costulations longitudinales.

Anachis costulata, CANTRAINE.

Fusus costulatus, Cantr., 1835. *Diagn.*, p. 20. — *A. costulata*, Verr., 1882, in *Trans. Connect. acad.*, V, p. 515, pl. 43, fig. 7. — Loc., 1897. *Exp. Tr.*; I, p. 144, pl. 19, fig. 24-26.

Ovoïde-allongé, un peu acuminé; spire haute, 7 à 8 tours un peu convexes, étagés, le dernier à peine plus petit que les 2/3 de la hauteur totale ; ouverture étroite, subrectangulaire, égale à la 1/2 hauteur ; test solide, blanchâtre, orné de côtes longitudinales étroites, 14 à 15 sur l'avant-dernier tour, et de stries décurrentes très fines, rapprochées. — H. 8 ; D. 4 millimètres.

Golfe de Gascogne, entre 100 et 500 mètres ; golfe du Lion, au delà de 250 mètres ; au large de Marseille, entre 500 et 700 mètres.

Anachis acuticostata, PHILIPPI.

Buccinum acutecostatum, Phil., 1844. *En. Moll. Sicil.*, II, p. 192, pl. 27, fig. 14. — *A. acutecostatum*, Loc., 1897. *Exp. Trav.*, I, p. 147, pl. 14, fig. 17-19.

Ovoïde-globuleux, court et ventru ; spire peu haute, 6 à 7 tours convexes, étagés ; le dernier gros et renflé, égal aux 2/3 de la hauteur totale ; ouverture subrectangulaire, plus petite que la 1/2 hauteur ; même test, avec 12 côtes longitudinales sur l'avant-dernier tour. — H. 6 ; D. 3 millimètres.

Golfe du Lion, au delà de 250 mètres ; au large de Marseille, entre 300 et 500 mètres.

Anachis Haliæeti, JEFFREYS.

Columbella Haliæeti, Jeffr., 1867-69. *Brit. conch.*, IV, p. 356, pl. 88, fig. 3, — *A. Haliæeti*, Loc., 1897. *Exp. Trav.*, I, p. 148, pl. 14, fig. 20-25.

Fusiforme-élancé; spire acuminée, 8 à 9 tours convexes, bien étagés, le dernier peu ventru, plus grand que les 2/3 de la hauteur totale; ouverture étroitement subrectangulaire, plus petite que la 1/2 hauteur; même test, avec 18 côtes longitudinales sur l'avant-dernier tour, très étroites. — H. 6 à 9; D. 2 3/4 à 4 millimètres,

Golfe de Gascogne, entre 1110 et 2020 mètres.

MITRÆIDÆ
Conch. franç., p. 45.

Genre MITROLUMNA, Bucq., Dautz., Dollf.
Conch. franç., p. 50.

Mitrolumna oliviformis, CANTRAINE.

Conch. franç., p. 50, fig. 36.

Golfe du Lion, depuis la zone herbacée jusqu'à 250 mètres.

PLEUROTOMIDÆ
Conch. franç., p. 51.

Genre PLEUROTOMA, de Lamarck
Conch. franç., p. 51.

A. — Groupe du *Pl. anceps*.

Test costulé transversalement (1).

Pleurotoma anceps, EICHWALD.

Conch. franç., p. 51, fig. 57. — 1897. *Exp. Trav.*, I, p. 215.

Golfe de Gascogne, à 165 mètres; au large de Marseille, depuis la zone corallienne jusqu'à 555 mètres.

Pleurotoma Loprestianum, CALCARA.

Conch. franç., p. 51. — 1897. *Exp. Trav.*, I, p. 212, pl. II, fig. 2.

Golfe du Lion, au delà de 250 mètres; au large de Marseille, falaise Peyssonnel, entre 500 et 700 mètres.

(1) Par suite des découvertes faites dans les grands fonds, nous avons été conduit à modifier notre ancien mode de groupement des *Pleurotomidæ*.

Pleurotoma emendatum, DE MONTEROSATO.

Conch. franç., p. 52 — 1897. *Exp. Trav.*, I, p. 214, pl. 11, fig. 1.

Golfe de Gascogne, à 1355 mètres ; golfe du Lion, au dela de 250 mètres ;
au large de Marseille, falaise Peyssonnel, entre 500 et 700 mètres.

Pleurotoma crispatum, DE CRISTOFORI ET JAN.

Pl. crispata, Crist., Jan, 1832. *Cat. foss.*, p. 9, fig. 28. — Loc., 1886. *Pr.*, p. 110.

Turriculé ; spire haute, acuminée ; 12 tours presque plans, carénés, le
dernier égal aux 4/9 de la hauteur totale ; suture profonde ; ouverture
ovalaire, plus petite que la 1/2 hauteur (1) ; canal droit et court ; test grisâtre, avec le sommet brun, orné de 3 à 4 cordons décurrents étroits, de
stries longitudinales très fines et de nombreux cordons au dernier tour.
— H. 16 ; D. 5 millimètres.

Golfe de Gascogne, à 300 mètres.

Pleurotoma pingue, JEFFREYS.

Pl. pingue, Jeffr., *in* Loc., 1897. *Exp. Trav.*, I, p. 211, pl. 9, fig. 27-29.

Globuleux, court et ventru ; spire peu haute, 6 à 7 tours convexes,
méplans dans le haut, le dernier gros, égal à près des 3/4 de la hauteur
totale ; ouverture semi-ovalaire assez large, un peu plus grande que la
1/2 hauteur ; canal très court, ouvert, droit ; test blanchâtre orné de cordons décurrents fins, réguliers, dont un carénal, et de stries d'accroissement très accusées. — H 6 ; D. 3 millimètres.

Golfe de Gascogne, entre 1110 et 1190 mètres.

B. — Groupe du *Pl. emarginatum.*

Test orné de costulations longitudinales.

Pleurotoma emarginatum, DONOVAN.

Conch. franç., p. 52, fig. 39. — 1897. *Exp. Trav.*, I, p. 187.

Golfe de Gascogne, depuis la zone herbacée jusqu'à 410 mètres ; fosse
du cap Breton, entre 65 et 145 mètres ; golfe du Lion, depuis la zone
herbacée jusqu'à 250 mètres.

Pleurotoma neotericum, LOCARD.

Pl. neotericum, Loc., 1897. *Exp. Trav.*, I, p. 172, pl. 7, fig. 1-6.

Fusiforme-turriculé, étroitement allongé ; spire haute, 8 tours, le dernier

(1) Canal compris.

égal aux 3/5 de la hauteur totale, à profil concave dans le haut puis légèrement convexe; ouverture plus petite que la 1/2 hauteur, étroite, allongée ; canal large, court, presque droit; test solide, blanchâtre, subdiaphane ; 14 côtes longitudinales sur l'avant-dernier tour, obsolètes dans la région concave, mamelonnées-tuberculeuses au milieu, s'atténuant dans le bas; cordons décurrents fins, réguliers, très serrés, recouvrant tout le test. — H. 11 1/2; D. 4 millimètres.

Au large de Marseille, à 555 mètres.

Pleurotoma Hirondellei, DAUTZENBERG.

Pl. Hirondellex, Dtz., 1891, in *Mém. soc. zool. Fr.*, IV, p. 613, pl. 16, fig. 4-5.

Fusiforme faiblement turriculé, allongé ; spire haute, 7 à 8 tours bien convexes, subanguleux, le dernier égal aux 2/3 de la hauteur totale ; ouverture subrectangulaire, égale à la 1/2 hauteur ; canal médiocre; test peu solide ; 13 côtes longitudinales sur l'avant-dernier tour, noduleuses, atténuées au bas du dernier tour; cordons décurrents étroits, serrés, recouvrant tout le test. — H. 28 ; D. 12 millimètres.

Golfe de Gascogne, à 160 mètres.

Pleurotoma parvulum, JEFFREYS.

Pl. parvulum, Jeffr., in Loc., 1897. *Exp. Trav.*, I, p. 200, pl. 11, fig. 3-6.

Très petit, fusiforme, assez haut ; spire un peu élevée, faiblement acuminée, 8 à 10 tours anguleux avec carène presque médiane, le dernier un peu plus grand que les 2/3 de la hauteur totale ; suture accompagnée d'un bourrelet ; ouverture un peu plus petite que la 1/2 hauteur, subpiriforme; canal droit, court, large ; test blanchâtre ; 10 à 11 côtes longitudinales sublamelleuses sur l'avant-dernier tour, portant 2 rangées de saillies noduleuses ; cordons décurrents très fins. — H. 3 1/2; D. 1 mill.

Golfe de Gascogne, entre 1020 et 1190 mètres.

C. — Groupe du *C. modiolum*.

Coquille à test lisse.

Pleurotoma modiolum, JAN.

Fusus modiolus, Jan, 1832. *Cat. foss.*, p. 10. — *Pl. modiola*, Bellar., 1847. *Mon. Pleur.*, p. 48, pl. 3, fig. 9. — Loc., 1897. *Exp. Trav.*, I, p. 207.

Fusiforme-turriculé, très allongé; spire haute, 8 tours anguleux avec carène médiane, le dernier presque égal à la 1/2 hauteur totale ; suture linéaire ; ouverture étroite, subrectangulaire, égale aux 2/5 de la hauteur ; canal très court, large, droit ; test solide, blanchâtre. — H. 15 à 18 ; D. 4 à 5 millimètres.

Golfe de Gascogne, à 1200 mètres.

Genre BELA, Leach.

Conch. franç., p. 54.

A. — Groupe du *B. turriculata*.

Tours de spire anguleux, bien étagés.

Bela turriculata, MONTAGU.

Conch. franç., p. 54, fig. 42. — *1897. Exp. Trav.*, I, p. 250.

Golfe de Gascogne, depuis la zone corallienne jusqu'à 600 mètres.

Bela Trevelliana, TURTON.

Conch. franç., p. 54. — *1897. Exp. Trav.*, I, p. 251.

Golfe de Gascogne, depuis la zone corallienne jusqu'à 900 mètres.

Bela abyssorum, LOCARD.

B. abyssorum, Loc., *1897. Exp. Trav.*, I, p. 246, pl. 13, fig. 17-22.

Ovoïde un peu allongé ; spire médiocre, obtuse, 8 à 9 tours convexes-obliques en haut, presque droits en bas, carène médiane sensible, le dernier un peu plus petit que les 2/3 de la hauteur totale ; ouverture subrectangulaire, égale à la 1/2 hauteur, canal large, court, presque droit ; test solide, roux-clair ; 18 à 19 côtes longitudinales sur l'avant-dernier tour, grosses, arrondies, étalées en bas, mamelonnées à la carène, obsolètes en dessus ; cordons décurrents fins, réguliers, espacés, continus. — H. 23 ; D. 10 millimètres.

Golfe de Gascogne, entre 550 et 600 mètres.

Bela holomera, LOCARD.

B. holomera, Loc., 1897. *Exp. Trav.*, I, p. 252, pl. 12, fig. 23-27.

Ovoïde-turriculé, un peu allongé ; spire haute, acuminée, 7 à 8 tours fortement concaves dans le haut, puis à peine convexes, carène supramédiane, dernier tour plus grand que les 2/3 de la hauteur totale ; ouverture étroitement piriforme, égale à la 1/2 hauteur ; canal droit, large, assez long ; test mince, roux-clair ; 23 à 24 côtes longitudinales très régulières, presque droites, submamelonnées à la carène, obsolètes dans la région concave et dans tout le bas du dernier tour ; cordons décurrents très fins, réguliers, atténués dans le haut des tours. — H. 12 ; D. 5 millimètres.

Golfe de Gascogne, à 560 mètres.

Bela nobilis, MÖLLER.

> *B. nobilis*, Möll., *in* Sars, 1878. *Moll. Norv.*, p. 228, pl. 16, fig. 19-20. — Loc., 1896. *Camp. Caud.*, p. 139.

Ovoïde-turriculé un peu court ; spire assez haute, 7 à 8 tours très étagés, bien anguleux, recto-obliques dans le haut puis verticaux dans le bas, le dernier presque égal aux 2/3 de la hauteur totale ; ouverture subrectangulaire, égale à la 1/2 hauteur ; canal droit, gros et court ; test solide, grisâtre ; 15 à 17 côtes longitudinales étroites, régulières, droites, du haut en bas des tours ; cordons décurrents très fins, très réguliers, recouvrant tout le test. — H. 14 à 16 ; D. 6 à 8 millimètres.

Golfe de Gascogne, à 1710 mètres.

B. — Groupe du *B. pyramidalis*.

Tours de spire non anguleux, peu étagés.

Bela pyramidalis, STROM.

> *B. pyramidalis*, Strom, *in* Sars, 1878. *Moll. Norv.*, p. 222, pl. 16, fig. 3. — Loc., 1896. *Camp. Caud.*, p. 139.

Fusiforme allongé ; spire très élevée, acuminée, 4 tours convexes, le dernier égal aux 3/5 de la hauteur totale ; ouverture étroitement subpiriforme, égale aux 3/7 de la hauteur ; canal court, droit, large ; test solide, blanchâtre ; 16 à 18 costulations longitudinales étroites, ondulées-flexueuses, s'étendant du haut en bas des tours, atténuées à la base du dernier ; cordons décurrents très fins, réguliers, recouvrant tout le test. — H. 12 à 16 ; D. 4 à 5 millimètres.

Golfe de Gascogne, à 650 mètres.

Bela simplicata, LOCARD.

> *B. pyramidalis, var. simplicata*, Sars, 1878. *Moll. Norv.*, p. 222, pl. 16, fig. 2.
> — *B. simplicata*, Loc., 1896. *Camp. Caud.*, p. 140, pl. 5, fig. 2.

Voisin du *B. pyramidalis*, plus petit, plus court et plus trapu ; spire moins acuminée ; dernier tour plus haut, plus renflé ; ouverture moins haute; canal plus court; costulations longitudinales moins nombreuses, obsolètes au dernier tour où elles sont remplacées par des plis peu sensibles larges dans le haut. — H. 5 à 8; D. 2 à 3 millimètres.

Golfe de Gascogne, entre 650 et 1410 mètres.

Bela Guernei, DAUTZENBERG.

B. Guernei, Dtz., 1891. *In Mém. soc. zool. Fr.*, IV, p. 614, pl. 16, fig. 6-8.

Fusiforme étroitement allongé; spire très élevée, 7 tours convexes, légèrement anguleux, le dernier égal aux 3/5 de la hauteur totale; ouverture subrectangulaire, notablement plus petite que la 1/2 hauteur; canal très court et très large; test assez solide, blanc-laiteux; 14 côtes longitudinales sur l'avant-dernier tour, subarrondies, atténuées en haut, obsolètes au bas du dernier tour; cordons décurrents très nombreux recouvrant tout le test. — H. 17; D. 6 millimètres.

Golfe de Gascogne, entre 360 et 510 mètres.

Bela pygmæa, VERRILL.

B. pygmæa, Verr., 1882, in *Trans. Connect. acad.*, V, p. 460, pl. 57, fig. 8. — Loc., 1896. *Camp. Caud.*, p. 142.

Très petit, ovoïde un peu allongé; spire très courte, obtuse, 5 tours convexes, peu étagés, le dernier égal aux 3/4 de la hauteur totale, lentement atténué dans le bas; ouverture ovalaire un peu étroite, plus grande que la 1/2 hauteur; test grisâtre, orné de costulations longitudinales assez minces, presque droites, très nombreuses, atténuées au bas du dernier tour. — H. 3 ; D. 1 1/2 millimètre.

Golfe de Gascogne, à 1710 mètres.

C. — Groupe du *B. nivalis*.

Spire très élancée, tours faiblement anguleux.

Bela nivalis, LOVÉN.

Pleurotoma nivale, Lovén, 1846. *Ind. moll. Scand.*, p. 14.

Fusiforme très élancé; spire haute et acuminée, 9 tours anguleux, plans-déclives en haut et en bas, carène médiane obtuse, le dernier plus grand que la 1/2 hauteur totale, subarrondi; ouverture subrectangulaire, égale aux 2/5 de la hauteur; canal court, droit, large; 13 costulations noduleuses sur l'avant-dernier tour, obliques, atténuées en haut et en bas,

obsolètes au bas du dernier tour ; cordons décurrents très fins, rapprochés, réguliers, continus. — H. 15 à 19 ; D. 4 à 5 3/4 millimètres.
Golfe de Gascogne, entre 365 et 510 mètres.

Genre BELOMITRA, P. Fischer.

Coquille fusiforme très allongée ; sommet mamelonné ; ouverture oblongue ; labre sinueux, légèrement concave vers la suture ; bord columellaire avec plusieurs petits plis profonds ; canal court.

Belomitra Fischeri, Locard.

B. Fischeri, Loc., 1897. *Exp. Trav.*, I, p. 261, pl. 13, fig. 7-11.

Galbe très étroitement fusiforme-élancé ; spire très acuminée ; 8 à 9 tours convexes, avec carène médiane obtuse, le dernier égal aux 2/3 de la hauteur totale ; ouverture étroitement subrectangulaire, plus petite que la 1/2 hauteur ; canal extrêmement large, un peu allongé ; test solide, roux-clair ; 14 costulations longitudinales sur l'avant-dernier tour, très atténuées, grêles, obliques, formant de légers mamelons sur la carène, continues, obsolètes à la base du dernier tour ; cordons décurrents fins, très nombreux, très rapprochés. — H 22 ; D. 7 millimètres.
Golfe de Gascogne, à 660 mètres.

Genre RAPHITOMA, Bellardi.
Conch. franç., p. 55.

A. — Groupe du *B. attenuatum*.

Galbe effilé ; côtes longitudinales étroites et très élevées.

Raphitoma attenuatum, Montagu.

Conch. franç., p. 55, fig. 43.

Golfe de Gascogne, fosse du cap Breton, entre 65 et 155 mètres ; au large de Marseille, depuis la zone herbacée jusqu'à 200 mètres.

Raphitoma costatum, Pennant.

Conch. franç., p. 55. — 1896. *Camp. Caud.*, p. 143.

Golfe de Gascogne, depuis la zone herbacée jusqu'à 180 mètres ; au large de Marseille, entre 100 et 250 mètres.

Raphitoma brachystomum, Philippi.

Conch. franç., p. 56.

Golfe de Gascogne, fosse du cap Breton, entre 40 et 335 mètres.

B. — Groupe du *R. nebulum.*

Galbe élancé ; côtes larges et peu hautes ; test monochrome.

Raphitoma Ginnanianum, Risso.

Conch. franç., p. 57.

Golfe du Lion, depuis la zone herbacée jusqu'à 250 mètres.

D. — Groupe du *R. striolatum.*

Galbe élancé; côtes étroites, striolées; sinus labial accusé.

Raphitoma striolatum, Scacchi.

Conch. franç., p. 58, fig. 46. — 1897. *Exp. Trav.*, I, p. 226.

Golfe de Gascogne, depuis la zone herbacée jusqu'à 180 mètres.

Genre MANGILIA, Risso.

Conch. franç., p. 60.

B. — Groupe du *M. Vauquelini.*

Coquille de petite taille ; galbe trapu, spire courte.

Mangilia rugosa, Philippi.

Conch. franç., p. 61.

Golfe du Lion, depuis la zone herbacée jusqu'à 250 mètres.

C. — Groupe du *M. multilineolata.*

Coquille de petite taille ; galbe allongé; côtes nombreuses.

Mangilia costata, Pennant.

Conch. franç., p. 63. — 1897. *Exp. Trav.*, I, p. 231.

Golfe de Gascogne, depuis la zone herbacée jusqu'à 180 mètres; golfe du Lion, depuis la zone herbacée jusqu'à 250 mètres.

D. — Groupe du *M. serga.*

Test orné de côtes et de cordons étroits, de même valeur.

Mangilia serga, DALL.

Pleurotoma (Drillia) serga, Dall, 1881, in *Mus. zool. Cambr.*, IX, p. 45. —
M. serga, Dall, 1889, *loc. cit.*, XVIII. p. 114. — Loc., 1897. *Exp. Trav.*,
I, p. 233, pl. 11, fig 7-14.

Fusiforme allongé; 7 à 8 tours un peu étagés, recto-obliques en haut, puis recto-déclives, avec une carène médiane accusée, le dernier égal aux 3/5 de la hauteur totale, régulièrement atténué en dessous; ouverture étroite, subrectangulaire, plus petite que la 1/2 hauteur; canal très court, très ouvert; test solide, grisâtre; 11 à 12 côtes longitudinales sur l'avant-dernier tour, droites, continues, très étroites, recoupées par deux cordons décurrents de même valeur, le supérieur correspondant à la carène, et d'autres plus nombreux au bas du dernier tour. — H. 12 à 14; D. 3 à 4 millimètres.

Golfe de Gascogne, entre 600 et 1350 mètres.

E. — Groupe du *M. formosa*.

Galbe court et trapu.

Mangilia formosa, JEFFREYS.

Defrancia formosa, Jeffr., 1883, in *Pr. zool. soc. Lond.*, p. 397, pl. 44, fig. 9.
— *M. formosa*, Loc., 1897. *Exp. Trav.*, I, p. 234.

Galbe muriciforme, court et ventru; 7 à 8 tours anguleux, plans-obliques ou un peu concaves dans le haut, verticaux dans le bas; dernier tour égal à plus des 2/3 de la hauteur totale, caréné dans le haut, ensuite gros, ventru, arrondi; ouverture piriforme, égale à la 1/2 hauteur; canal gros et court; test orné de nombreuses costulations longitudinales arrondies, peu saillantes et de cordons décurrents fins, réguliers, continus. — H. 11 1/2; D. 5 1/2 millimètres.

Golfe de Gascogne, à 1020 mètres.

Genre CLATHURELLA, Carpenter.

Conch. franç., p. 64.

C. — Groupe du *Cl. reticulata*. (1)

Coquille d'un galbe élancé; réticulations grossières.

(1) Il convient de rajouter à la liste des *Clathurella* du groupe du *Cl. purpurea*,

Clathurella histrix, Jan.

Conch. franç., p. 68.

Golfe du Lion, depuis la zone herbacée jusqu'à 250 mètres.

D. — Groupe du *Cl. Leufroyi*.

Coquille d'un galbe renflé ; réticulations atténuées.

Clathurella Leufroyi, Michaud.

Conch. franç., p. 68, fig. 54.

Golfe du Lion, depuis la zone herbacée jusqu'à 250 mètres.

E. — Groupe du *Cl. elegans*.

Coquille petite; réticulations bien accusées ; labre plissé.

Clathurella elegans, Donovan.

Conch. franç., p. 69, fig. 55. — 1896. *Camp. Caud.*, p. 145.

Golfe de Gascogne, depuis la zone littorale jusqu'à 180 mètres ; golfe du Lion, depuis la zone herbacée jusqu'à 250 mètres.

Clathurella æqualis, de Monterosato.

Conch. franç., p. 69. — 1896. *Camp. Caud.*, p. 145.

Golfe de Gascogne, depuis la zone herbacée jusqu'à 180 mètres ; au .arge de Marseille, entre 100 et 250 mètres.

Genre PLEUROTOMELLA, Verrill.

Coquille de taille moyenne ; galbe turriculé, court et trapu ; tours carénés, bien étagés, recto-obliques en dessus ; canal médiocre et retroussé, sinus labial large et profond.

l'espèce suivante que nous avons reçue de Saint-Raphaël (Var), et qui vit dans la zone herbacée.

Clathurella densa, de Monterosato.

Philbertia densa, Mtr., 1884. *Nomencl*, p. 132.

Assez petit, très allongé ; tours bien étagés, subanguleux vers la suture, puis à peine convexes ; côtes étroites, saillantes, très rapprochées ; cordons décurrents très étroits, continus, très accusés, formant à leur rencontre avec les côtes une petite saillie étroite ; coloration d'un roux fauve. — H 9 ; D. 3 3/4 millimètres.

Cette forme doit prendre rang entre le *Cl. Bucquoyi* Loc., et le *Cl. corbiformis* Michaud (p. 65).

Pleurotomella Koehleri, Locard.

Pl. Koehleri, Loc., 1896. *Camp. Caud.*, p. 137, pl. 5, fig. 1.

Galbe turriculé, court et trapu ; spire peu haute, 7 à 8 tours fortement anguleux dans le bas, le dernier égal aux 5/7 de la hauteur totale ; ouverture piriforme, notablement plus grande que la 1/2 hauteur ; cana. court et très large ; test solide, blanchâtre ; 11 côtes longitudinales sur l'avant-dernier tour, fortes, subanguleuses, accusées surtout depuis la carène jusqu'au bas des tours ; 2 cordons décurrents étroits et continus, le premier carénal, le second infracarénal ; 3 cordons au dernier tour. — H. 23 ; D. 13 millimètres.

Golfe de Gascogne, à 1300 mètres.

Genre DONOVANIA, Bucq., Dautz., Dollf.

Conch. franç., p. 70.

Donovania minima, Montagu.

Conch. franç., p. 70, fig. 56.

Golfe du Lion, depuis la zone littorale jusqu'à 250 mètres (1).

BUCCINIDÆ

Conch. franç., p. 72.

Genre NASSA, de Lamarck.

Conch. franç., p. 75.

B. — Groupe du *N. reticulata*.

Taille assez forte ; galbe ovoïde-allongé ; tours peu arrondis.

Nassa reticulata, Linné.

Conch. franç., p. 76, fig. 63.

Golfe de Gascogne, fosse du cap Breton, à 230 mètres.

(1) Quoiqu'en général les *Donovania* vivent de préférence dans les zones littorale et herbacée, il est possible que plusieurs de ces espèces, notamment le *D. lineolata* Tiberi, se retrouvent au delà de la zone corallienne dans la Méditerranée.

C. — Groupe du *N. limata*.

Taille moyenne; galbe ovoïde-allongé; tours bien arrondis.

Nassa limata, Chemnitz.

Conch. franç., p. 77, fig. 64. — 1897. *Exp. Trav.*, I, p. 271.

Golfe de Gascogne, à 1195 mètres; golfe du Lion, depuis la zone corallienne jusqu'à 250 mètres et au delà; au large de Marseille, entre 100 et 700 mètres.

Nassa denticulata, A. Adams.

Conch. franç., p. 64. — 1897. *Exp. Trav.*, I, p. 272.

Au large de Marseille, entre 100 et 700 mètres.

E. — Groupe dn *N. pygmæa*.

Taille petite; test bien costulé; péristome violacé.

Nassa pygmæa, de Lamarck.

Conch. franç., p. 79, fig. 66.

Au large de Marseille, depuis la zone littorale jusqu'à 200 mètres.

D. — Groupe du *N. incrassata*.

Taille assez petite; test bien costulé; péristome blanc.

Nassa incrassata, Muller.

Conch. franç., p. 78, fig. 65. — 1897. *Exp. Trav.*, I, p. 276.

Golfe de Gascogne, depuis la zone littorale jusqu'à 300 mètres.

H. — Groupe du *N. semistriata*.

Taille moyenne; sans côtes longitudinales; stries transversales.

Nassa semistriata, Brocchi.

Conch. franç., p. 82, fig. 69. — 1897. *Exp. Trav.*, I, p. 269.

Golfe de Gascogne, entre 80 et 435 mètres; golfe du Lion, au delà de 250 mètres; environs de Nice, entre 200 et 300 mètres.

Nassa Edwardsi, P. Fischer.

N. Edwardsi, P. Fisch., 1882, in *Journ. Conch.*, XXX, p. 10. — Loc., 1897. *Exp. Trav.*, I, p. 267, pl. 13, fig. 29-32.

Ovoïde un peu court; spire assez allongée, 6 tours légèrement convexes, le dernier égal à près des 2/3 de la hauteur totale; suture sub-canaliculée; ouverture ovalaire, plus petite que la 1/2 hauteur; test épais, corné jaune clair, orné de stries décurrentes fines, assez régulières, obsolètes sur le milieu du dernier tour. — H. 11 à 13 ; D. 6 à 6 1/2 millim.

Golfe du Lion, au delà de 250 mètres; au large de Marseille, falaise Peyssonnel, entre 500 et 700 mètres.

Genre BUCCINUM, Linné.

Conch. franç., p. 84.

A. — Groupe du *B. undatum*.

Test épais, orné de côtes longitudinales.

Buccinum undatum, LINNÉ.

Conch. franç., p. 84, fig. 71.

Golfe de Gascogne, depuis la zone littorale jusqu'à 120 mètres.

B. — Groupe du *B. Humphreysianum*.

Test mince, simplement strié.

Buccinum Humphreysianum, BENETT.

Conch. franç., p. 85, fig. 72. — 1896. *Exp. Caud.*, p. 152.

Golfe de Gascogne, depuis la zone corallienne jusqu'à 400 mètres.

Buccinum atractodeum, LOCARD.

Conch. franç., p. 85. — 1897. *Exp. Trav.*, I, p. 280, pl. 15, fig. 1-3.

Golfe de Gascogne, entre 435 et 1190 mètres; golfe du Lion, au delà de 250 mètres; au large de Marseille, entre 500 et 700 mètres.

Buccinum Monterosatoi, LOCARD.

Conch. franç., p. 85. — 1897. *Exp. Trav.*, I. p. 279.

Golfe du Lion, depuis la zone corallienne jusqu'à 250 mètres et au delà; au large de Marseille, entre 200 et 500 mètres.

Buccinum Finmarkianum, VERKRUZEN.

B. Finmarkianum, Verkr., 1875. *In Malac. Gesel.*, II, p. 237, pl. 8, fig. 1 5. — Loc., 1897. *Exp. Trav.*, I, p. 278.

Ovoïde-fusiforme allongé ; spire haute, 8 tours convexes, le dernier égal à près des 2/3 de la hauteur totale; ouverture grande, largement ovalaire, plus petite que la 1/2 hauteur; test corné-roux, marbré de faune clair, presque lisse, un peu brillant. — H. 45 à 50; D. 25 à 26 mill.

Golfe de Gascogne, à 410 mètres.

CASSIDÆ
Conch. franç., p. 87.

Genre CASSIS, de Lamarck.
Conch. franç., p. 88.

Cassis Saburoni, BRUGUIÈRE.
Conch. franç., p. 88, fig. 75.

Golfe de Gascogne, depuis la zone corallienne jusqu'à 240 mètres.

Genre CASSIDARIA, de Lamarck.
Conch. franç., p. 89.

Cassidaria echinophora, LINNÉ.
Conch. franç., p. 89, fig. 76.

Golfe du Lion, depuis la zone herbacée jusque vers 250 mètres.

Cassidaria rugosa, LINNÉ.
Conch. franç., p. 90. — 1897. *Exp. Trav.*, I, p. 285.

Golfe de Gascogne, depuis la zone herbacée jusqu'à 390 mètres ; golfe du Lion, depuis la zone herbacée jusqu'à 250 mètres.

TRITONIDÆ
Conch. franç., p. 91.

Genre RANELLA, de Lamarck.
Conch. franç., p. 91.

Ranella gigantea, DE LAMARCK.
Conch. franç., p. 91, fig. 78. — 1897. *Exp. Trav.* I, p. 294.

Golfe de Gascogne, depuis la zone corallienne jusqu'à **400** mètres ;
golfe du Lion, depuis la zone corallienne jusqu'à 250 mètres ; au large
de Marseille, entre 60 et 250 mètres.

Ranella scrobiculatoria, Linné.

> *Conch. franç.*, p. 92. — 1897. *Exp. Trav.*, I, p. 297.

Golfe de Gascogne, à 2285 mètres.

Genre TRITONIUM, Müller.

Conch. franç., p. 92.

A. — Groupe du *Tr. nodiferum*.

Coquille très grande, cordons décurrents peu saillants.

Tritonium nodiferum, de Lamarck.

> *Conch. franç.*, p. 92, fig. 79. — 1897. *Exp. Trav.*, I, p. 299.

Côtes de Provence, depuis la zone corallienne jusqu'à 200 mètres.

B. — Groupe du *Tr. corrugatum*.

Tritonum corrugatum, de Lamarck.

> *Conch. franç.*, p. 93, fig. 80. — 1897. *Exp. Trav.*, I, p. 300.

Golfe de Gascogne, à 2285 mètres.

CANCELLARIIDÆ

Conch. franç., p. 95.

Genre CANCELLARIA, de Lamarck.

Cancellaria cancellata, de Lamarck.

> *Conch. franç.*, p. 95, fig. 82.

Golfe de Gascogne, fosse du cap Breton *(teste* de Folin, Jeffreys).

Cancellaria viridula, Fabricius.

> *Tritonium viridulum*, Fabr., 1780. *Fau. Groenl.*, p. 403. — *C. viridula*
> Jeffr., 1884. *In Pr. Zool. Soc. Lond.*, p. 48.

Ovoïde ventru ; 7 à 8 tours bien convexes, le dernier égal aux 5/7 de la hauteur totale, arrondi, puis lentement atténué jusqu'à la base ; ouverture piriforme, égale à la 1/2 hauteur ; test orné de 13 à 14 côtes longitudinales sur l'avant-dernier tour, arrondies, rapprochées, atténuées, sur tout le bas du dernier tour, et de cordons décurrents larges, saillants, recouvrant tout le test. — H. 15 à 20 ; D. 7 à 8 millimètres.

Au large des côtes de Bretagne, entre 495 et 915 mètres.

Cancellaria mitriformis, BROCCHI.

Voluta mitræformis, Bro., 1814. *Conch. foss. Sub..* p. 645, pl. 15, fig. 13. — *Cancellaria mitræformis*, Bellardi, 1841. *Conch. foss. Piem.*, p. 9, pl. 1, fig. 5-9. — Loc., 1882. *Prodr.*, p. 157.

Petit, fusiforme-allongé ; 5 à 6 tours peu convexes, le dernier un peu plus petit que les 2/3 de la hauteur totale, largement arrondi, atténué lentement dans le bas ; canal court ; ouverture petite, sub-ovalaire ; test orné de côtes longitudinales arrondies, peu nombreuses, atténuées au dernier tour, et de cordons décurrents fins, réguliers, recouvrant tout le test. — H. 15 ; D. 6 millimètres.

Golfe de Gascogne, à 405 mètres.

MURICIDÆ

Conch. franç., p. 95.

Genre MUREX, Linné.

Coquille de taille moyenne ; spire médiocre ; canal plus ou moins long, presque fermé ; ouverture arrondie ; côtes longitudinales ou varices plus ou moins épineuses ; opercule à nucléus subapical (1).

C. — Groupe du *M. crinaceus.*

Canal assez court ; côtes ou varices sublamelleuses.

(1) Dans notre travail sur les Mollusques de l'*Expédition du Travailleur et du Talisman* (t. I., p. 302), nous avons admis pour la famille des *Muricidæ* une coupe générique un peu différente de celle que nous avions proposée dans notre *Conchyliologie française*. Nos groupes A, B et C, rentrent seuls dans le genre *Murex;* les groupes D, E et F, font désormais partie du genre *Ocinebra*.

Murex erinaceus, Linné.

Conch. franç., p. 98, fig. 86 (1).

Au large de Marseille, depuis la zone littorale jusqu'à 100 mètres.

Genre OCINEBRA, Leach.

Coquille d'assez petite taille ; spire haute ; canal court, presque fermé ; ouverture ovalaire ; côtes longitudinales ou varices épineuses ou tuberculeuses ; opercule à nucléus sublatéral.

A. — Groupe de l'*O. Blainvillei*.

Canal un peu ouvert ; côtes ou varices épineuses.

Ocinebra inermis, DE MONTEROSATO.

Murex inermis, Mtr., *in* Loc., *Conch. franç.*, p. 99.

Golfe du Lion, depuis la zone littorale jusqu'à 250 mètres.

Ocinebra spinulosa, O.-G. COSTA.

Murex spinulosus, O. G. Costa, *in* Loc., *Conch. franç.*, p. 99. — *O. spinulosa*, Loc. 1897. *Exp. Trav.*, I, p. 313.

Au large de Marseille, entre 58 et 200 mètres.

B. — Groupe de l'*O. Edwardsi*.

Canal fermé ; côtes ou varices tuberculeuses.

Ocinebra Edwardsi, PAYRAUDEAU.

Murex Edwardsi, Payr., *in* Loc., *Conch. franç.*, p. 100, fig. 88. — *O. Edwardsi*, Loc., 1897. *Exp. Trav.*, I, p. 310.

Golfe de Gascogne, fosse du cap Breton, à 295 mètres.

Ocinebra aciculata, DE LAMARCK.

Murex aciculatus, Lamk., *in* Loc., *Conch. franç.*, p. 100.

Golfe du Lion, depuis la zone littorale jusqu'à 250 mètres.

(1) Dans notre *Conchyliologie française*, p. 98, au lieu de *Murex erinaceus* Linné, il faut lire *Murex Hanleyi* Dautzenberg (1887, *Moll. de Saint-Lunaire*, p. 95), et au lieu de *Murex Tarentinus* de Lamarck, il faut inscrire *Murex erinaceus* Linné.

Ocinebra cyclopus, Benoit.

Murex cyclopus, Ben., in Loc., *Conch. franç.*, p. 101.

Golfe du Lion, depuis la zone littorale jusqu'à 250 mètres.

Genre PSEUDOMUREX, de Monterosato.

Conch. franç., p. 101, *sub nome Coralliophila* (1).

Pseudomurex alucoides, de Blainville.

Coralliophila alucoides, Blainv., *in* Loc., *Conch. franç.*, p. 102, fig. 90. — *Ps. alucoides*, Loc., 1897. *Exp. Trav.*, I, p. 312.

Golfe de Gascogne, depuis la zone corallienne jusqu'à 400 mètres ; fosse du cap Breton, entre 65 et 145 mètres ; golfe du Lion, depuis la zone corallienne jusqu'à 250 mètres.

Pseudomurex aedonus, B. Watson.

Murex (Pseudomurex) aedonus, Wats., 1886. *Voy. Challeng.*, XV, p. 161, pl. 18, fig. 5. — *Coralliophila aedonus*, Loc., 1896. *Voy. Caud.*, p. 155.

Ovoïde-fusiforme un peu court ; spire assez haute ; 6 à 7 tours bien convexes, sub-anguleux, le dernier plus grand que les 2/3 de la hauteur totale ; ouverture plus petite que la 1/2 hauteur, hautement piriforme ; canal gros, ouvert ; 7 à 8 costulations arrondies sur l'avant-dernier tour, recoupées par de nombreux cordons décurrents subégaux, formés par des imbrications arrondies et emboîtées. — H. 20 ; D. 9 millimètres.

Golfe de Gascogne, entre 180 et 400 mètres.

Pseudomurex Meyendorffi, Calcara.

Coralliophila Meyendorffi, Calc., *in* Loc., *Conch. franç.*, p. 102. — *Ps. Meyendorffi*, Mtr., 1878. *Enum. sin.*, p. 42. — Loc., 1897. *Exp. Trav.*, I, p. 30.

Au large des côtes de Provence, au delà de 100 mètres.

Pseudomurex Monterosatoi, Locard.

Ps. Monterosatoi, Loc., 1897. *Exp. Trav.*, I, p. 315, pl. 15, fig. 21-23.

Ovoïde-fusiforme, un peu court et ventru ; spire peu haute ; 6 à 7 tours bien convexes, le dernier égal aux 3/4 de la hauteur totale ; ouver-

---

(1) Comme l'a fait observer le Dr P. Fischer (*Man. conch.*, p. 645), les formes appartenant à ce groupe ont été tour à tour considérées comme des *Murex* ou des *Coralliophila*. Nous adopterons définitivement pour elles le nom de *Pseudomurex*, proposé par M. de Monterosato.

ture notablement plus grande que la 1/2 hauteur, ovalaire ; canal court, gros, bien ouvert ; test épais, grisâtre ; 10 costulations longitudinales sur l'avant-dernier tour, grosses, arrondies, saillantes ; 3 cordons décurrents sur le même tour alternant sur d'autres plus petits, et 8 à 10 sur le dernier, tous très réguliers, arrondis, continus, imbriqués. — H. 23 ; D. 13 millimètres.

Golfe de Gascogne, entre 560 et 600 mètres.

Pseudomurex Richardi, P. FISCHER.

Murex Richardi, P. Fischer, 1882, in *Journ. conch.*, XXX, p. 49. — *Ps. Richardi*, Loc., 1897. *Exp. Trav.*, I, p. 316, pl. 16, fig. 3-8.

Ovoïde très globuleux ; spire courte, 8 tours carénés, plans en dessus et en dessous, le dernier égal aux 3/4 de la hauteur totale, arrondi ; ouverture plus grande que la 1/2 hauteur, piriforme ; canal très court, très gros, étroitement ouvert ; test solide, gris jaunacé ; 8 à 10 lamelles longitudinales sur l'avant-dernier tour, hautes, minces, foliacées, continues ; 8 à 10 cordons décurrents sur le dernier tour, un seul et carénal sur les autres, étroitement arrondis, assez saillants, avec d'autres intermédiaires obsolètes. — H. 15 à 17 ; D. 11 à 12 1/2 millimètres.

Golfe de Gascogne, entre 900 et 1250 mètres.

PISANIIDÆ
Conch. franç., p. 102.

Genre POLLIA, Gray.
Conch. franç., p. 103.

Pollia fusulus, BROCCHI.

Murex fusulus, Broc., 1814. *Conch. foss. Subap.*, p. 209, pl. VIII, fig. 9. — *P. fusulus*, Bellar., 1872. *Moll. Piem. Lig.*, I. p. 169, pl. 12. fig. 4. — Loc., *Exp. Trav.*, I, p. 325, pl. 16, fig. 9-16.

Ovoïde-fusiforme un peu allongé ; spire assez haute, 7 à 8 tours carénés, un peu concaves en dessus, plans-obliques en dessous, le dernier égal aux 2/3 de la hauteur totale ; ouverture piriforme, plus grande que la 1/2 hauteur ; canal très court, gros, ouvert, infléchi ; test solide, grisâtre, 14 à 15 côtes longitudinales sur l'avant-dernier tour, grosses, subanguleuses, subépineuses à la carène, plus fortes en bas qu'en haut ;

cordons décurrents espacés, continus, dont un carénal, alternant avec d'autres obsolètes. — H. 16 à 21 ; D. 7 à 9 millimètres.

Golfe de Gascogne, entre 90 et 410 mètres.

Genre EUTHRIA, Gray.

Conch. franç., p. 104.

Euthria cornea, LINNÉ.

Conch. franc., p. 104, fig. 93.

Golfe du Lion, depuis la zone littorale jusqu'à 250 mètres.

FUSIDÆ

Conch. franç., p. 105.

Genre HADRIANIA, Bucq., Dautz., Dollf.

Conch. franç., p. 105.

Hadriania Brochii, DE MONTEROSATO.

Conch. franç., p. 105, fig. 94.

Au large de Marseille, depuis la zone herbacée jusqu'à 400 mètres.

Genre FUSUS, de Lamarck.

Conch. franç., p. 105.

A. — Groupe du *F. Syracusanus*.

Canal allongé.

Fusus Syracusanus, LINNÉ.

Conch. franç., p. 106, fig. 95.

Golfe du Lion, depuis la zone herbacée jusqu'à 250 mètres.

Fusus rostratus, OLIVI.

Conch. franç., p. 106.

Au large de Marseille, depuis la zone littorale jusqu'à 200 mètres.

Fusus Bocagei, P. Fischer.

> *F. Bocagei*, P. Fisch., 1882, in *Journ. conch.*, XXX, p. 49. — Dtz., 1891,
> in *Mém. soc. zool. Fr.*, VI, p. 21, pl. 16. fig. 9-10. — Loc., 1897. *Exp.*
> *Trav.*, I, p. 339.

Allongé; spire haute, acuminée, 10 tours convexes, le dernier égal
aux 2/3 de la hauteur totale ; ouverture arrondie, plus grande que la
1/2 hauteur ; canal long, étroit, droit; test solide, grisâtre ; 10 côtes longitudinales sur l'avant-dernier tour, grosses, arrondies ; nombreux cordons décurrents fins, réguliers, recouvrant tout le test. — H. 25 à 40 ;
D. 10 à 15 millimètres.

Golfe de Gascogne, entre 360 et 2020 mètres.

B. — Groupe du *F. fenestratus.*

Canal très court.

Fusus fenestratus, Turton.

> *F. fenestratus*, Turt., 1842, in *Mag. nat. Hist.*, VII, p. 351. — Loc., 1896.
> *Camp. Caud.*, p .147.

Subconoïde allongé ; spire haute, acuminée ; 7 tours bien convexes,
le dernier égal aux 3/5 de la hauteur totale, bien arrondi ; ouverture
subarrondie, égale à un peu plus du quart de la hauteur; canal très
court, gros, large ; test assez solide, grisâtre ; 14 côtes longitudinales,
étroites, sur l'avant-dernier tour; nombreux cordons décurrents étroits,
réguliers, espacés, recouvrant tout le test. — H. 30 à 40 ; D. 16 à 20 millimètres.

Golfe de Gascogne, à 400 mètres.

Genre TROPHONOPSIS, Bucq., Dautz.

Conch. franç., p. 108.

A. — Groupe du *Tr. carinatus.*

Canal allongé ; épines saillantes.

Trophonopsis carinatus, Bivona.

> *Conch. franç.*, p. 108, fig. 96. — 1897. *Exp. Trav.*, I, p. 345.

Golfe de Gascogne, depuis la zone herbacée jusqu'à 300 mètres ; golfe
du Lion, depuis la zone herbacée jusqu'au delà de 250 mètres ; golfe de
Marseille, jusqu'à 700 mètres.

Trophonopsis Grimaldii, Dautz., P. Fischer.

Trophon Grimaldii, Dtz., P. Fisch., 1896, in *Mém. soc. zool. Fr.*, IX, p. 439, pl. 18, fig. 1-2. — *Tr. Grimaldii*, Loc., 1897. *Exp. Trav.*, I, p. 347.

Voisin du *Tr. carinatus;* spire plus haute, s'élargissant moins rapidement ; squamules moins longues, droites. — H. 17 ; D. 8 3/10 millimètres.

Au large de Marseille et cap Sicié, entre 555 et 753 mètres.

Trophonopsis varicosissimus, Bonelli.

Fusus multilamellosus, Phil., in Loc., *Conch. franç.*, p. 108. — *Trophon varicosissimus*, Mtr., 1878. *Enum. sin.*, p. 41. — *Tr. varicosissimus*, Loc., 1897. *Exp. Trav.*, I, p. 349.

Golfe du Lion, depuis la zone corallienne jusqu'à 250 mètres et au delà ; au large de Marseille, falaise Peyssonnel, entre 500 et 2000 mètres.

B. — Croupe du *Tr. muricatus*.

Canal moins allongé ; épines courtes.

Trophonopsis muricatus, Montagu.

Conch. franç., p. 108, fig. 97.

Golfe de Gascogne, entre 20 et 180 mètres ; golfe du Lion et au large de Marseille, depuis la zone herbacée jusqu'à 250 mètres.

Trophonopsis Barvicensis, Johnston.

Conch. franç., p. 109. — 1897. *Exp. Trav.*, I, p. 347.

Golfe de Gascogne, depuis la zone corallienne jusqu'à 1090 mètres ; golfe du Lion, au delà de 250 mètres.

Genre NEPTUNIA, H. et A. Adams.

Conch. franç., p. 109.

A. — Groupe du *N. Islandica*.

Coquille de grande taille ; test orné de forts cordons décurrents.

Neptunia Islandica, Gmelin.

Conch. franç., p. 111, fig. 99. — 1897. *Exp. Trav.*, I, p. 351.

Golfe de Gascogne, depuis la zone herbacée jusqu'à 800 mètres.

Neptunia gracilis, DA COSTA.

Conch. franç., p. 111. — 1897. *Exp. Trav.*, I, p. 352.

Golfe de Gascogne, depuis la zone herbacée jusqu'à 800 mètres.

Neptunia Nicolloni,. LOCARD.

N. Nicolloni, Loc., 1896. *Camp. Caud.*, p. 150, pl. 5, fig. 5.

Voisin du *N. gracilis*, galbe plus court et plus trapu ; spire moins acuminée, tours plus arrondis, le dernier plus ventru en haut, plus ramassé, puis plus brusquement atténué dans le bas ; ouverture plus grande et plus ovalaire ; cordons décurrents plus forts et moins nombreux. — H. 72 à 75 ; D. 15 millimètres.

Golfe de Gascogne, depuis la zone herbacée jusqu'à 800 mètres.

Neptunia Berniciensis, KING.

Conch. franç., p. 110. — 1897. *Exp. Trav.*, I, p. 353, pl. 17, fig. 20.

Golfe de Gascogne, depuis la zone herbacée jusqu'à 1110 mètres.

Neptunia Aquitanica, LOCARD.

N. Aquitanica, Loc., 1897. *Exp. Trav.*, I, p. 356, pl. 17, fig. 18-19.

Voisin du *N. Berniciensis*, galbe beaucoup plus grêle ; spire bien plus haute et plus tordue ; tours bien plus convexes ; suture plus profonde ; dernier tour moins haut et moins ventru ; ouverture plus petite, plus arrondie ; canal moins long ; cordons décurrents plus saillants, moins nombreux, plus régulièrement distincts. — H. 84 ; D. 30 millimètres.

Golfe de Gascogne, à 1190 mètres.

Neptunia sinistrorsa, DESHAYES.

N. contraria, Lin., *in* Loc., *Conch. franç.*, p. 110. — *N. sinistrorsa*, Loc., 1897. *Exp. Trav.*, I, p. 357.

Golfe de Gascogne, depuis la zone herbacée jusqu'à 160 mètres.

B. — Groupe du *N. propinqua*.

Taille moins forte ; cordons décurrents peu accusés.

Neptunia propinqua, ALDER.

Conch. franç., p. 111. — 1897. *Exp. Trav.*, I, p. 359.

Golfe de Gascogne, depuis la zone herbacée jusqu'à 500 mètres.

Neptunia Jeffreysiana, P. Fischer,

Conch. franç., p. 110. — 1897. *Exp. Trav.*, I, p. 300.

Golfe de Gascogne, depuis la zone herbacée jusqu'à 500 mètres.

Neptunia torra, Locard.

N. torra, Loc., 1897. *Exp. Trav.*, I, p. 361, pl. 17, fig. 21-25.

Fusiforme très étroitement lancéolé ; spire haute, acuminée, 8 à 9 tours à peine convexes, le dernier notablement plus petit que les 2/3 de la hauteur totale; ouverture étroitement ovalaire, plus petite que la 1/2 hauteur ; canal court, fortement retroussé ; test peu épais, blanc jaunacé ; cordons décurrents très atténués, assez larges, peu hauts, réguliers, recouvrant tout le test. — H. 40 ; D. 15 millimètres.

Golfe de Gascogne, entre 1020 et 1350 mètres.

Neptunia pupoidea, Locard.

N. pupoidea, Loc., 1897. *Exp. Trav.*, I, p. 363, pl. 17, fig. 26-28.

Galbe pupoïde; spire haute, obtuse, 6 à 7 tours presque plans, le dernier notablement plus grand que la 1/2 hauteur totale, très brusquement atténué en bas; suture linéaire; ouverture bien plus petite que la 1/2 hauteur, un peu étroitement ovalaire ; canal très court, fortement retroussé; test blanc grisâtre, épais, solide ; quelques cordons décurrents à peine accusés au bas du dernier tour. — H. 21 ; D. 8 millimètres.

Golfe de Gascogne, à 610 mètres.

Neptunia turgidula, Jeffreys.

Fusus turgidulus, Jeffr., *in* Friele, 1877. *Nyt. mag. nat. Vidensk.*, XXIII, p. 8. — *N. turgidula*, Loc., 1897. *Exp. Trav.*, I, p. 365.

Fusiforme, un peu court ; spire assez haute, subaiguë ; 7 tours très faiblement convexes, le deuxième égal aux 2/3 de la hauteur totale, ventru dans le bas puis brusquement atténué; suture accusée ; ouverture plus petite que la 1/2 hauteur, étroitement ovalaire-oblique ; canal très court, gros, un peu recourbé; test jaunacé clair, recouvert de cordons décurrents fins, peu saillants, irréguliers. — H. 47 à 56 ; D. 20 à 22 millim.

Golfe de Gascogne, entre 600 et 1355 mètres.

C. — Groupe du *N. fusiformis.*

Taille petite; test treillissé.

Neptuniä fusiformis, Broderip.

Buccinum fusiforme, Brod., 1829, in *Zool. Journ.*, V, p. 45, pl. 3, fig. 3. — *N. fusiformis*, Loc., 1897. *Exp. Trav.*, I, p. 370.

Fusiforme-turbiné, assez allongé; spire haute, acuminée, 7 à 8 tours bien convexes, étagés, le dernier égal aux 2/3 de la hauteur totale, bien arrondi-ventru; ouverture largement ovalaire, égale à la 1/2 hauteur totale; canal très court, retroussé; test solide, grisâtre; 14 à 16 côtes longitudinales un peu étroites, arrondies, régulières, atténuées au bas du dernier tour; cordons décurrents fins, nombreux, recouvrant tout le test. — H. 34 à 36; D. 18 à 20 millimètres.

Golfe de Gascogne, à 560 mètres.

Neptunia ecaudis, Locard.

N. ecaudis, Loc., 1897. *Exp. Trav.*, I, p. 360, pl. 18, fig. 5-7.

Taille plus petite, galbe moins étroitement allongé en haut, moins ventru en bas; 6 à 7 tours convexes, le dernier égal aux 2/3 de la hauteur totale, ovoïde un peu allongé; ouverture ovalaire, égale à la 1/2 hauteur totale; canal très court, retroussé; 16 à 18 côtes longitudinales larges, arrondies, peu saillantes, atténuées au bas du dernier tour; cordons décurrents nombreux, atténués, recouvrant tout le test. — H. 26; D. 13 millimètres.

Golfe de Gascogne, à 600 mètres.

Neptunia peregra, Locard.

N. peregra, Loc., 1897. *Exp. Trav.*, I, p. 371, pl. 18, fig. 8-11.

Fusiforme-turriculé assez court; spire un peu haute, 6 à 7 tours bien convexes, le dernier plus petit que les 2/3 de la hauteur totale, bien arrondi; ouverture subcirculaire, plus petite que la 1/2 hauteur; canal court, très large, retroussé; test assez mince, grisâtre; 16 à 17 costulations longitudinales un peu fortes, arrondies, atténuées au bas du dernier tour; 10 à 12 cordons décurrents sur l'avant-dernier tour, assez étroits, espacés, réguliers, continus, peu saillants. — H. 28; D. 13 millim.

Golfe de Gascogne, à 610 mètres.

Genre TARANIS, Jeffreys.

Conch. franç., p. 112.

Taranis cirrata, Brugnone.

Conch. franç., p. 112, fig. 100. — 1897. *Exp. Trav.*, I, p. 374.

Golfe de Gascogne, entre 1020 et 1190 mètres.

Taranis lævisculpta, DE MONTEROSATO

T. lævisculpta, Mtr., 1890. *Conch. prof. Paler.*, p. 27. — Loc., 1897. *Exp. Trav.*, I, p. 375.

Plus allongé; spire plus courte, tours plus convexes, le dernier plus lentement atténué, non caréné; ouverture plus haute et plus étroite; canal plus long; test sans cordon carénal, 1, 2 ou 3 cordons décurrents atténués sur l'avant-dernier tour et de nombreux cordons obsolètes au bas du dernier tour. — H. 3 à 4; D. 1 3/4 à 2 1/2 millimètres.

Golfe de Gascogne, entre 1190 et 2020 mètres.

Taranis Monterosatoi, LOCARD.

T. Monterosatoi, Loc., 1897. *Exp. Trav.*, I, p. 377.

Voisin du *T. cirrata*, taille plus forte; spire plus haute, tours plus anguleux, plus carénés, le dernier plus gros, plus trapu, plus brusquement atténué à la base; canal plus gros, plus court, plus tordu; côtes longitudinales moins nombreuses, plus étroites; pas de seconde carène; 4 à 5 cordons décurrents dans la partie droite de l'avant-dernier tour. — H. 5 1/2; D. 3 millimètres.

Golfe de Gascogne, à 2020 mètres.

HOLOSTOMATA

CERITHIIDÆ
Conch. franç., p. 113.

Genre CERITHIOPSIS, Forbes et Hanley.
Conch. franç., p. 117.

A. — Groupe du *C. tubercularis*.

Coquille conique.

Cerithiopsis tubercularis, MONTAGU.

Conch. franç., p. 117, fig. 105. — 1897. *Exp. Trav.*, I, p. 379.

Golfe du Lion, depuis la zone littorale jusqu'à 250 mètres; au large; de Marseille, jusqu'à 200 mètres.

Cerithiopsis angustissima, Forbes.

Cerithium angustissimum, Forb., 1843. *Rep. Æg. inv.*, p. 190. — *C. angustissima*, Car., 1885. *Prodr. medit.*, II, p. 366. — Loc., 1897. *Exp. Trav.*, I, p. 379.

Étroitement conique-turriculé; spire très acuminée, 16 tours carénés dans le milieu; test transparent; côtes longitudinales nombreuses et interrompues; 2 petits cordons moniliformes transverses au-dessus et au-dessous de la carène. — H. 9; D, 2 millimètres.

Au large de Marseille, à 555 mètres.

Cerithiopsis Metaxæ, delle Chiaje.

Conch. franç., p. 117.

Golfe du Lion, depuis la zone herbacée jusqu'à 250 mètres et au delà; au large de Marseille, jusqu'à 700 mètres.

Cerithiopsis excavata, Locard.

C. excavata, Loc., 1897. *Exp. Trav.*, I, p. 383, pl. 21, fig. 17-19.

Voisin du *C. Metaxæ*, plus étroitement cylindroïde, plus grêle; tours plus nombreux, à profil plus profondément excavé; costulations longitudinales plus nombreuses, plus étroites et bien plus obliques. — H. 8 (pour 11 tours); D. 1 millimètre.

Au large de Marseille, à 555 mètres.

Cerithiopsis metulata, Lovén.

Cerithium metula, Lov., 1846. *Ind. moll. Scand.*, p. 23. — *C. metula*, Sow., 1857. *Ill. ind.*, pl. 15, fig. 14. — *C. metulata*, Loc., 1897. *Exp. Trav.*, I, p. 380.

Hautement turriculé; spire acuminée, 14 à 16 tours presque plans; suture canaliculée; test grisâtre; 3 cordons décurrents étroits sur l'avant-dernier tour et 4 sur le dernier, recoupés par des costulations longitudinales peu accusées, très nombreuses. — H. 14; D. 4 millimètres.

Au large des côtes de Bretagne, entre 495 et 1125 mètres; golfe de Gascogne, entre 1140 et 1330 mètres.

Genre TRIFORIS, Deshayes.

Conch. franç., p. 120.

Triforis perversus, Linné.

Conch. franç., p. 120, fig. 107. — 1897. *Exp. Trav.*, I, p. 386.

Golfe du Lion, depuis la zone littorale jusqu'à 250 mètres; au large de Marseille, jusqu'à 250 mètres.

Triforis asper, JEFFREYS.

T. asper, Jeffr., 1885. *In Proc. zool. soc. Lond.*, p. 58, pl. 6, fig. 7. — Loc..
1897. *Exp. Trav.*, I, p. 384.

Bien plus étroitement conoïde; spire bien plus haute; tours plus nombreux; sur chaque tour deux rangées de tubercules un peu ovalaires, formés par la rencontre de costulations longitudinales avec deux étroits cordons décurrents; au-dessus un troisième cordon noduleux très atténué; 4 cordons au dernier tour. — H. 15 à 19; D. 2 à 3 millimètres.

Golfe de Gascogne, entre 20 et 250 mètres; au large de Marseille, à 445 mètres.

Genre BITTIUM, Leach.
Conch. franç., p. 120.

Bittium reticulatum, DA COSTA.

Conch. franç., p. 120, fig. 108.

Golfe du Lion, depuis la zone littorale jusqu'à 250 mètres; au large de Marseille, jusqu'à 200 mètres.

Bittium lacteum, PHILIPPI.

Conch. franç., p. 122.

Golfe de Gascogne, fosse du cap Breton *(teste* Jeffreys).

Bittium pusillum, JEFFREYS.

Conch. franç., p. 122.

Golfe du Lion, depuis la zone corallienne jusqu'à 250 mètres.

Bittium gemmatum, WATSON.

Bittium gemmatum. Wats., 1885. *Voy. Challeng.*, XV, p. 547, pl. 39, fig. 2.
— Loc., 1897. *Exp. Trav.*, I, p. 387.

Galbe un peu court et trapu; 10 à 11 tours convexes surtout dans le bas, le dernier arrondi; test grisâtre; 15 côtes longitudinales sur l'avant-dernier tour, grêles, recoupées par 2 cordons décurrents formant à leur rencontre des saillies noduleuses, devenant obsolètes au dernier tour; surtout très accusées. — H. 5; D. 2 millimètres.

Golfe de Gascogne, entre 360 et 510 mètres.

Bittium gracile, JEFFREYS.

Cerithium gracile, Jeffr., 1885, in *Pr. Zool. Soc. Lond.*, p. 54, pl. 6, fig. 3.

Petit, conique un peu allongé; 12 tours droits dans le haut, un peu arrondis dans le bas, le dernier comme caréné à la base, peu convexe en dessous ; test orné de nombreuses costulations longitudinales étroites, recoupées par deux cordons décurrents formant sur chaque tour deux séries de petits mamelons arrondis ; suture atténuée. — H. 7 ; D. 2 1/2 mill.

Au large des côtes de Bretagne, à 1125 mètres.

APORRHAIDÆ

Conch. franç., p. 123.

Genre APORRHAIS, Dillwyn.

Conch. franç., p. 123.

Aporrhais pelecanipes, Linné.

Conch. franç., p. 123. fig. 109.

Golfe du Lion, depuis la zone littorale jusqu'à 250 mètres.

Aporrhais bilobatus, Locard.

Conch. franç., p. 123. — 1897. *Exp. Trav.*, I, p. 391.

Côtes de Bretagne, depuis la zone littorale, jusqu'à 415 mètres ; golfe de Gascogne, depuis la zone littorale jusqu'à 240 mètres.

Aporrhais Serresiamus, Michaud.

Conch. franç., p. 124. — 1897. *Exp. Trav.*, I, p. 390.

Côtes de Bretagne, depuis la zone herbacée jusqu'à 1125 mètres ; golfe de Gascogne, depuis la zone littorale jusqu'à 1355 mètres ; fosse du cap Breton, à 435 mètres ; golfe du Lion, au delà de 250 mètres ; au large de Marseille, depuis la zone corallienne jusqu'à 700 mètres.

Aporrhais Macandrewæ, Jeffreys.

Chenopus Macandreæ, Jeffr., *in* Dtz., 1891, *in Mém. soc. zool.*, Fr., IV, p. 616, pl. 14. fig. 13.

Voisin de l'*A. Serresianus*, bien plus petit ; spire moins haute ; même décoration des tours ; 5 digitations très courtes, réunies entre elles par une expansion du labre ; canal très court. — H. 30 ; D. 20 mill.

Golfe de Gascogne, à 160 mètres.

TURRITELLIDÆ
Conch. franç., p. 124.

Genre TURRITELLA, de Lamarck.
Conch. franç., p. 124.

Turritella Britannica, DE MONTEROSATO.

Conch. franç, p. 124, fig. 110. — 1896. *Camp. Caud.*, p. 157.

Au large des côtes de Bretagne, à 815 mètres ; golfe de Gascogne, depuis la zone herbacée jusqu'à 400 mètres ; fosse du cap Breton, entre 40 et 145 mètres.

Turritella communis, RISSO.

Conch. franç., p. 125. — 1897. *Exp. Trav.*, I, p. 393.

Golfe de Gascogne, depuis la zone herbacée jusqu'à 165 mètres.

Turritella Mediterranea, DE MONTEROSATO.

Conch. franç., p. 125.

Golfe du Lion, depuis la zone littorale jusqu'à 250 mètres ; au large de Marseille, Riou, la Cassidagne, depuis la zone littorale jusqu'à 200 mètres.

Turritella umbilicata, DUNKER.

T. umbilicata, Dunk., 1862. *In Journ. conch.*, X, p. 354, pl. 13, fig. 8.

Très petit ; 10 à 12 tours arrondis ; 4 cordons décurrents, saillants, égaux, 5 au dernier tour, base lisse ; ouverture subarrondie ; ombilic ouvert ; test blanc hyalin. — H. 7 ; D. 2 millimètres.

Au large de Saint-Raphaël (Var), zone corallienne et au delà.

SCALARIIDÆ
Conch. franç., p. 125.

Genre SCALARIA, de Lamarck.
Conch. franç., p. 125.

Scalaria geniculata, BROCCHI.

Turbo geniculatus, Broc., 1814. *Conch. foss. Subap.*, p. 494, pl. 16, fig. 1. — *Sc. geniculata*, Mtr., 1872. *Not. Conch. Medit.*, p. 29. — Loc., 1897. *Exp. Trav.*, I, p. 404.

Conoïde un peu allongé ; 15 à 17 tours un peu convexes, le dernier presque plan, lisse en dessous et limité par une carène ; suture linéaire assez profonde ; test solide, orné de costulations longitudinales fines, continues, sauf sur les premiers tours ; ouverture ovalaire bordée d'un épais bourrelet. — H. 24 à 28 ; D. 8 à 9 millimètres.

Au large des côtes de Bretagne, entre 585 et 815 mètres ; golfe de Gascogne, entre 400 et 500 mètres.

Scalaria torulosa, BROCCHI.

Turbo torulosus, Broc., 1814. *Conch. foss. Sub.*, p. 377, pl. 7, fig. 4. — *Sc. torulosa*, Defr., 1827. *Dict. hist. nat.*, p. 19. — Loc., 1897. *Exp. Trav.*, I, p. 400.

Taille plus petite ; tours faiblement convexes, le dernier caréné en bas, plan et lisse en dessous ; suture bien marquée ; ouverture subovalaire ; test un peu mince, orné de 14 côtes longitudinales étroites, continues, sur l'avant-dernier tour. — H. 18 à 20 ; D. 5 1/2 à 6 1/2 millimètres.

Golfe de Gascogne, à 1300 mètres.

Scalaria Cantrainei, WEINKAUFF.

Sc. Cantrainei, Weink., 1866. *In Journ. conch.*, XIV, p. 241, 246. — Loc., 1897. *Exp. Trav.*, I, p. 405.

Voisin du *Sc. communis*, taille plus petite, galbe plus convexe, plus trapu ; 10 tours presque plans, plus étagés, plus anguleux dans le haut ; 10 à 12 côtes longitudinales un peu épaisses, terminées dans le haut par une épine saillante. — H. 12 ; D. 6 millimètres.

Golfe de Gascogne, à 1020 mètres ; au large de Saint-Raphaël, zone corallienne et au delà.

Scalaria Algeriana, WEINKAUFF.

Sc. Algeriana, Weink., 1866. *In Journ. conch.*, XIV, p. 241, 247. — Loc., 1882. *Prodr.*, p. 196.

Conoïde un peu court, bien râblé ; 8 tours convexes, étagés, plans à la suture, le dernier presque égal à la 1/2 hauteur totale ; ouverture sub-arrondie, oblique, égale au tiers de la hauteur ; test orné de 14 lamelles longitudinales hautes, étroites, subépineuses dans le haut, sur l'avant-dernier tour, et de fines stries décurrentes logées entre les lamelles. — H. 10 à 12 ; D. 4 à 4 3/4 millimètres.

Golfe de Gascogne, fosse du cap Breton *(teste* de Folin, Jeffreys).

Scalaria nana, JEFFREYS.

Sc. nana, Jeffr., 1884. *In Proc. Zool. soc. Lond.*, p. 134, pl. 10, fig. 6. —
Loc., 1897. *Exp. Trav.*, I, p. 406.

Très petit, très court et bien trapu ; 7 à 8 tours bien convexes, le
dernier gros et arrondi ; côtes longitudinales simples, serrées, très nombreuses, un peu flexueuses ; sommet lisse ; ouverture presque circulaire,
à peine anguleuse dans le haut, péristome continu, un peu épanoui. —
H. 3 ; D. 1 3/4 millimètres.

Au large des côtes de Bretagne, à 811 mètres ; golfe de Gascogne, à
695 mètres.

Scalaria clathrata, MONTAGU.

Conch. franç., p. 127. — 1897. *Exp. Trav.*, I, p. 408.

Au large des côtes de Bretagne, entre 495 et 1125 mètres ; golfe de
Gascogne, depuis la zone herbacée jusqu'à 1355 mètres.

Scalaria frondosa, J. ET J. D. SOWERBY.

Sc. frondosa, Sow., 1839. *Min. Conch.*, VI, p. 149, pl. 577, fig. 1. — Loc., 1897.
Exp. Trav., I, p. 410.

Petit, court et trapu ; 7 tours arrondis, le dernier plus grand, dilaté ;
suture profonde ; test blanchâtre, semipellucide ; côtes longitudinales très
ténues, élevées, subdenticulées ; ouverture subcirculaire, péristome épais
et continu. — H. 4 1/2 ; D. 2 millimètres.

Golfe de Gascogne *(teste* de Folin, Jeffreys) ; au large de Marseille, à 555
mètres ; au large de Saint-Raphaël (Var), dans la zone corallienne et au delà.

Scalaria Trevelyana, LEACH.

Conch. franç., p. 127. — 1897. *Exp. Trav.*, I, p. 412.

Golfe de Gascogne, depuis la zone herbacée jusqu'à 1190 mètres ; au
large des côtes de Bretagne, à 495 mètres.

Genre ACIRSA, Mörch.

Conch. franç., p. 128.

Acirsa subdecussata, CANTRAINE.

Conch. franç., p. 128, fig. 112.

Golfe de Gascogne, fosse du cap Breton, depuis 95 jusqu'à 130 mètres ;
au large de Marseille, entre 100 et 200 mètres.

CÆCIDÆ
Conch. franç., p. 129.

Genre CÆCUM, Fleming.
Conch. franç., p. 129.

Cæcum trachea, Montagu.

Conch. franç., p. 129, fig. 123.

Golfe du Lion, depuis la zone herbacée jusqu'à 250 mètres; au large de Marseille, entre 35 et 200 mètres.

Cæcum glabrum, de Folin.

Conch. franç., p. 129.

Golfe de Gascogne, fosse du cap Breton à 295 mètres.

Cæcum spinosum, de Folin.

C. spinosum, Fol., 1873. *Les Fonds de la mer.* II, p. 84, pl. 3. fig. 1.

Subcylindrique, peu arqué; test translucide, d'un vert jaune pâle, hérissé d'épines longues, diaphanes, courbées à leur extrémité; septum presque cylindrique, plan en dessus et subgranuleux. — H. 4 à 5 millimètres.
Golfe de Gascogne, entre 65 et 140 mètres.

EULIMIDÆ
Conch. franç., p. 133.

Genre EULIMA, Risso.
Conch. franç., p. 133.

A. — Groupe de l'*E. polita*.

Spire droite; galbe plus ou moins conique; test blanc ou vitreux.

Eulima polita, Linné.

Conch. franç., p. 133, fig. 117.

Golfe de Gascogne, depuis la zone herbacée jusqu'à 160 mètres.

Eulima intermedia, CANTRAINE.

Conch. franç., p. 134.

Golfe de Gascogne, depuis la zone herbacée jusqu'à 248 mètres ; au large de Marseille, depuis 35 jusqu'à 200 mètres.

Eulima insignis, DAUTZENBERG ET H. FISCHER.

E. insignis, Dtz., H. Fisch., 1896. *In Mém. Soc. zool. Fr.*, IX, p. 465, pl. 19, fig. 16. — Loc., 1897. *Exp. Trav.*, I, p. 419.

Grande taille, spire à peine arquée, élevée, acuminée ; 14 tours plans, les 3 derniers légèrement convexes, le dernier égal à près des 2/5 de la hauteur totale ; ouverture égale au 1/4 de la hauteur; test blanchâtre. — H 19 ; D. 5 millimètres.

Golfe de Gascogne, à 1355 mètres.

Eulima obtusa, JEFFREYS.

E. obtusa, Jeffr., 1894. *In Proc. Zool. Soc. Lond.*, p. 370, pl. 28, fig. 10. — Loc., 1897. *Exp. Trav.*, I, p. 426.

Petit, subcylindroïde, étroitement allongé ; 7 à 8 tours plans, le dernier égal à la 1/2 hauteur totale, très lentement et progressivement atténué à la base ; suture à peine distincte ; ouverture étroite, ovale-allongée, égale au 1/3 de la hauteur ; sommet obtus. — H. 3 à 5 ; D. 1 à 1 1/2 millimètre.

Golfe de Gascogne, au delà de 1000 mètres.

Eulima glabra, JEFFREYS.

E. glabra, Jeffreys, 1884. *In Pr. Zool. Soc. Lond.*, p. 367, pl. 28, fig. 2. — Loc., 1897. *Exp. Trav.*, I, p. 422.

Conique, un peu allongé, 8 tours à peine convexes, le dernier un peu plus petit que la 1/2 hauteur totale, bien arrondi dans le bas et lentement atténué ; ouverture étroitement ovalaire, haute, égale au 1/3 de la hauteur ; sommet très obtus. — H. 4 ; D. 1 1/2 millimètre.

Au large des côtes de Bretagne, à 1125 mètres.

Eulima piriformis, BRUGNONE.

E. piriformis, Brugn., 1873. *Miscel. malac.*, p. 7, fig. 5. — Loc., 1897. *Exp. Trav.*, I, p. 425.

Conique, court et trapu ; 9 tours à peine convexes, le dernier un peu plus grand que la 1/2 hauteur totale, bien arrondi vers le milieu et assez brusquement atténué dans le bas ; ouverture subrectangulaire, élargie, presque égale au 1/3 de la hauteur ; sommet relativement acuminé. — H. 6 ; D. 2 1/2 millimètres.

Au large des côtes de Bretagne, entre 585 et 815 ; golfe de Gascogne (*teste* Jeffreys).

Eulima geographica, DE FOLIN.

E. geographica, Fol., 1884. *Les Fonds de la mer*, IV, p. 204, pl. 3, fig. 9-10. — Loc., 1897. *Exp. Trav.*, I, p. 426.

Voisin de l'*E. obtusa* ; tours un peu convexes, mieux détachés ; ouverture un peu plus petite que le 1/3 de la hauteur totale, étroite et recourbée obliquement par suite de la courbe très prononcée que le bord columellaire décrit en s'inclinant dans le même sens. — H. 5 ; D. 1 1/2 millimètre.

Golfe de Gascogne, à 895 mètres.

Eulima stenostoma, JEFFREYS.

E. stenostoma, Jeffr., 1858. *In Ann. mag. nat. Hist.*, II, p. 128, pl. 5, fig. 7. — Loc., 1897. *Exp. Trav.*, I, p. 426.

Extrêmement allongé ; spire très haute, un peu tordue, 8 à 9 tours légèrement convexes, le dernier à peine un peu plus grand que la 1/2 hauteur, lentement atténué à la base ; suture accusée ; ouverture très étroite, égale à 2 fois 1/2 le reste de la hauteur ; test hyalin, pellucide. — H. 8 1/2 ; D. 2 millimètres.

Golfe de Gascogne, entre 1020 et 1980 mètres ; golfe du Lion, au delà de 250 mètres ; au large de Marseille, falaise Peyssonnel, la Cassidagne, entre 500 et 700 mètres.

B. — Groupe de l'*E. subulata*.

Galbe plus ou moins subulé ; test coloré.

Eulima subulata, DONOVAN.

Conch. franç., p. 135, fig. 118. — 1897. *Exp. Trav.*, I, p. 418.

Golfe de Gascogne, fosse du cap Breton, à 145 mètres ; golfe du Lion, et au large de Marseille, depuis la zone littorale jusqu'à 250 mètres.

Eulima bilineata, ALDER.

Conch. franç., p. 135. — 1897. *Exp. Trav.*, I, p. 419.

Au large des côtes de Bretagne, à 815 mètres ; golfe de Gascogne,
fosse du cap Breton, à 145 mètres ; golfe du Lion, depuis la zone littorale
jusqu'à 250 mètres ; au large de Marseille, la Cassidagne, depuis la zone
littorale jusqu'à 250 mètres.

Eulima Jeffreysiana, BRUSINA

Conch. franç., p. 135.

Golfe du Lion, depuis la zone littorale jusqu'à 250 mètres.

Eulima apicofusca, JEFFREYS.

E. fusco apicata, Jeffr., 1884. *In Proc. zool. soc. Lond.*, p. 369, pl. 28, fig. 5.
— *E. apicofusca*, Loc., 1897. *Exp. Trav.*, I, p. 424.

Etroitement conique ; spire haute, 9 à 11 tours à peine convexes, le
dernier un peu plus petit que la 1/2 hauteur, assez brusquement atténué
à la base ; ouverture subrectangulaire, obtusément anguleuse dans le bas,
un peu plus petite que le 1/3 de la hauteur, bord externe fortement
ondulé ; sommet obtus ; test blanchâtre avec le sommet brun. — H. 6 ;
D. 1 1/2 millimètre.

Golfe de Gascogne, à 1190 mètres.

Eulima undulosa, DE FOLIN.

E. undulosa, Fol., 1893. *Pêches et chasses zool.*, p. 160.

Petit, conique, acuminé ; spire ondulée, peu flexueuse ; 9 tours droits,
le dernier presque égal à la demi-hauteur ; ouverture subpiriforme, labre
subaigu ; test blanchâtre, avec des marbrures rousses dans le milieu. —
H. 3,2 ; D. 1/2 millimètre.

Golfe de Gascogne, fosse du cap Breton.

C. — Groupe de l'*E. incurva*.

Spire arquée ; test hyalin.

Eulima incurva, RENIERI.

Conch. franç., p. 136, fig. 119. — 1897. *Exp. Trav.*, I, p. 420.

Golfe de Gascogne, fosse du cap Breton, à 400 mètres ; au large de
Marseille, falaise Peyssonnel, la Cassidagne, entre 10 et 700 mètres.

Eulima solida, JEFFREYS.

E. solida, Jeffr., 1884. *In Proc. Zool. Soc. Lond.*, p. 368, pl. 28, fig. 4. —
Loc., 1897. *Exp. Trav.*, I, p. 423.

Petit, subcylindroïde, étroitement allongé ; spire un peu courte, légèrement arquée ; 8 tours presque plans, le dernier bien plus petit que la 1/2 hauteur totale, arrondi à la base ; suture linéaire ; ouverture égale à près du 1/4 de la hauteur, ovalaire, acuminée sous le haut, bord externe flexueux. — H. 4 à 6 ; D. 3/4 à 1 millimètre.

Au large des côtes de Bretagne, à 880 mètres ; golfe de Gascogne, entre 1020 et 1355.

Eulima anteflexa, DE MONTEROSATO.

Conch. franç., p. 136.

Au large de Marseille, depuis la zone littorale jusqu'à 200 mètres.

TURBONILLIDÆ

Conch. franç., p. 136.

Genre EULIMELLA, Forbes.

Conch. franç., p. 136.

Eulimella commutata, DE MONTEROSATO.

Conch. franç., p. 137, fig. 120.

Côtes de Bretagne, depuis la zone herbacée jusqu'à 1 125 mètres ; golfe de Gascogne, fosse du cap Breton, entre 215 et 300 mètres ; golfe du Lion, depuis la zone littorale jusqu'au delà de 250 mètres ; au large de Marseille, depuis 35 jusqu'à 700 mètres.

Eulimella ventricosa, FORBES.

Conch. franç., p. 137. — 1897. *Exp. Trav.*, I, p. 428.

Côte de Bretagne, depuis la zone corallienne jusqu'à 880 mètres ; golfe de Gascogne, depuis la zone corallienne jusqu'à 2020 mètres ; golfe du Lion, depuis la zone littorale jusqu'à 250 mètres.

Eulimella obelisca, JEFFREYS.

Odostomia obelisca, Jeffr., 1878. *In Ann. mag. nat. Hist.*, I. p. 46, pl. 2. fig. 6. — *E. obelisca*, Loc., 1897. *Exp. Trav.*, I, p. 428.

Très petit, conoïde, un peu court et trapu ; 7 tours légèrement convexes, le dernier égal à la demi-hauteur totale, arrondi dans le bas et un peu brusquement atténué; ouverture égale au 1/3 de la hauteur, subovalaire-oblique; suture assez accusée. — H. 3 1/2; D. 1 3/4 millimètre.

Golfe de Gascogne, à 1080 mètres.

Eulimella Scillæ, Scacchi.

Melania Scillæ, Scac., 18:5. *Not. conch.*, p. 52. — *E. Scillæ*, Sars, 1878. *Moll. Norv.*, p. 208, pl. 11, fig. 17. — Loc., 1897. *Exp. Trav.*, I, p. 429.

Pyramidal allongé; spire haute, 10 à 11 tours plans, le dernier plus grand que le 1/3 de la hauteur totale, vaguement subanguleux en bas; suture étroite; ouverture subquadrangulaire, égale au 1/5 de la hauteur, bord basal anguleux. — H. 6 1/2; D. 1 1/2 millimètre.

Golfe de Gascogne, fosse du cap Breton, entre 40 et 435 mètres; golfe du Lion, au delà de 250 mètres; au large de Marseille, falaise Peyssonnel, entre 500 et 700 mètres.

Eulimella compactilis, Jeffreys.

Odostomia Scillæ, var. *compactilis*, Jeffr., 1855. *Brit. conch.*, IV, p. 169. — *E. compactilis*, Sars, 1878. *Moll. Norv.*, p. 208, pl. 22, fig. 15.

Voisin de l'*E. Scillæ*, plus petit, plus trapu; 8 tours légèrement convexes, le dernier un peu plus petit que la 1/2 hauteur totale, bien arrondi dans le bas; ouverture subovalaire, un peu plus petite que le 1/4 de la hauteur. — H. 4 1/2; D. 1 millimètre.

Au large des côtes de Bretagne, à 1125 mètres.

Eulimella Jacqueti, de Folin.

E. Jacqueti, Fol., 1884. *Les Fonds de la mer*, IV, p. 208, pl. 4, fig. 2. — Loc. 1897. *Exp. Trav.*, I, p. 430.

Même galbe; 10 tours un peu concaves au milieu, le dernier égal aux 2/5 de la hauteur totale, subarrondi à la base; suture très accusée, sub-canaliculée; ouverture piriforme, égale au 1/4 de la hauteur, bord basal arrondi. — H 6,8.

Au large de la côte de Bretagne, entre 685 et 780 mètres; golfe de Gascogne, à 897 mètres.

Genre STYLOPSIS, A. Adams.

Coquille subulée; tours aplatis; suture marquée; ouverture subquadrangulaire; columelle droite, simple; labre droit à sa partie moyenne, subanguleux en avant; test opaque, lisse, non poli.

Stylopsis Marioni, LOCARD.

S. Marioni, Loc., 1897. *Exp. Trav.*, I, p. 432, pl. 19, fig. 11-13.

Très petit, subcylindroïde un peu court ; 6 à 7 tours, le dernier un peu plus petit que la 1/2 hauteur totale, arrondi à la base ; sommet gros, arrondi, mamelonné ; ouverture un peu plus grande que le 1/4 de la hauteur, subovalaire ; test blanchâtre. — H. 3 1/2 ; D. 3/4 millimètre.

Au large de Marseille, à 555 mètres.

Genre ACLIS, Lovén.
Conch. franç., p. 137.

A. — Groupe de l'*A. ascaris*.

Test bien striolé.

Aclis supranitida, S. WOOD.

Conch. franç., p. 137, fig. 121.

Golfe du Lion, depuis la zone herbacée jusqu'au delà de 250 mètres.

Aclis gracilis, JEFFREYS.

Cioniscus gracilis, Jeffr., 1884. *In Proc. Zool. Soc. Lond.*, p. 341, pl. 26, fig. 1.
— *A. gracilis*, Loc., 1886. *Prodr.*, p. 214. — 1897. *Exp. Trav.*, I, p. 433.

Très petit, subcylindroïde ; 5 1/2 à 6 tours bien convexes, un peu étagés, le dernier un peu plus petit que la 1/2 hauteur totale, arrondi ; ouverture subovalaire, plus petite que le 1/4 de la hauteur ; test orné d'étroites costulations longitudinales presque droites, très rapprochées, continues. — H. 3 ; D. 1/2 millimètre.

Golfe de Gascogne, à 1190 mètres ; au large de Marseille, falaise Peyssonnel, entre 500 et 700 mètres.

Aclis striata, JEFFREYS.

Cioniscus striatus, Jeffr., 1884. *In Proc. Zool. Soc. Lond.*, p. 341, pl. 26, fig. 2. — *A. striata*, Loc., 1897. *Exp. Trav.*, I, p. 434.

Très petit, étroitement conoïde ; spire haute, 7 à 8 tours un peu tordus, légèrement convexes, le dernier égal aux 2/5 de la hauteur totale, arrondi ; suture subcanaliculée, très oblique ; ouverture subovalaire, un peu plus grande que le 1/5 de la hauteur ; test orné de costulations longitudinales très nombreuses, flexueuses, étroites, serrées, continues. — H. 5 ; D. 1 1/4 millimètre.

Au large de Marseille, à 555 mètres.

Aclis muchia, B. WATSON.

A. mixon, Wats., 1886. *Voy. Challeng.*, XV, p. 501, pl. 34, fig. 1. — *A. muchia*, Lo·., 1896. *Camp. Caud.*, p. 159.

Très étroitement conoïde-élancé; 15 à 16 tours assez convexes, le dernier un peu plus grand que le 1/3 de la hauteur totale; ouverture subrectangulaire plus petite que le 1/4 de la hauteur; test orné de côtes longitudinales étroites, légèrement flexueuses, très nombreuses et continues. — H. 15; D. 3 1/2 millimètres.

Golfe de Gascogne, à 1710 mètres.

B. — Groupe de l'*A. nitidissima*.

Test finement striolé.

Aclis Walleri, JEFFREYS.

A. Walleri, Jeffr., 1867-1869. *Brit. conch.*, IV, p. 105; V, p. 210, pl. 72, fig. 4. — Loc., 1897. *Exp. Trav.*, 1, p. 434.

Très petit, conoïde-allongé; spire haute, 8 tours légèrement convexes, le dernier égal à la 1/2 hauteur totale, subarrondi en bas; suture accusée; ouverture subovalaire, assez large, plus grande que le 1/3 de la hauteur; test paraissant lisse. — H. 2; D. 1/4 millimètre.

Au large des côtes de Bretagne, entre 585 et 1125 mètres; golfe de Gascogne, à 1940 mètres; golfe du Lion, au delà de 250 mètres; au large de Marseille, falaise Peyssonnel, entre 500 et 700 mètres.

Aclis ventricosa, FORBES.

Parthenia ventricosa, Forb., 1843. *Rep. Æg. inv.*, p. 188. — *A. ventricosa*, Loc., 1896. *Prodr.*, p. 215.

Petit, très étroitement fusiforme-allongé; spire très élancée; 11 tours assez convexes, le dernier égal au 1/3 de la hauteur totale, bien arrondi en dessous; suture accusée; ouverture subpiriforme égale au 1/5 de la hauteur; test paraissant lisse. — H. 6; D. 1 1/2 millimètre.

Au large de Marseille et falaise Peyssonnel, depuis la zone herbacée jusqu'à 700 mètres.

Genre TURBONILLA, Risso.

Conch. franç., p. 139.

A. — Groupe du *T. lactea*.

Test costulé longitudinalement, sans stries décurrentes.

Turbonilla gracilis, PHILIPPI.

Conch. franç., p. 139.

Golfe de Gascogne, depuis la zone herbacée jusqu'à 195 mètres.

Turbonilla pauperata, LOCARD.

T. pauperata, Loc., 1897. *Exp. Trav.*, I, p. 437, pl. 19, fig. 14-15.

Etroitement conoïde; spire haute, acuminée, 9 à 10 tours légèrement convexes, le dernier presque égal aux 2/5 de la hauteur totale, subarrondi en bas; ouverture ovoïde-piriforme, égale au 1/4 de la hauteur; test épaissi; costulations fortes, larges, aplaties, droites, atténuées au bas des tours. — H. 14; D. 4 millimètres.

Golfe de Gascogne, entre 677 et 1960 mètres.

Turbonilla paucistriata, JEFFREYS.

Odostomia paucistriata, Jeffr., 1894. *In Proc. Zool. soc. Lond.*, p. 361, pl. 27, fig. 6.— *T. paucistriata*, Loc., 1886. *Pr.*, p. 218. — 1897. *Exp. Tr.*, I, p. 440.

Plus petit, plus étroitement conoïde; 9 à 10 tours presque plans, le dernier beaucoup plus grand que le 1/3 de la hauteur totale, arrondi en bas; suture bien accusée; ouverture subovalaire plus petite que le 1/4 de la hauteur; test assez fort, orné de côtes larges, aplaties, atténuées en bas des tours, nulles au dernier. — H. 8; D. 1 3/4 millimètre.

Golfe de Gascogne, à 1110 mètres.

Turbonilla semicostata, JEFFREYS.

Odostomia semicostata, Jeffr., 1884. *In Pr. Zool. soc. Lond.*, p.361, pl. 27, fig. 7.

Voisin du *T. paucistriata*, plus petit, plus étroitement subulé, presque cylindroïde; 8 tours plans, le dernier un peu plus petit que les 2/3 de la hauteur totale; suture peu profonde; ouverture petite, subpiriforme, égale au 1/5 de la hauteur; test orné de côtes larges, aplaties, serrées, nulles au dernier tour. — H. 3 1/2; D. 3/4 millimètre.

Golfe de Gascogne, fosse du cap Breton (*teste* Jeffreys).

Turbonilla compressa, JEFFREYS.

Odostomia compressa, Jeffr., 1884. *In Proc. Zool. soc. Lond.*, p. 360, pl. 27, fig. 5. — *T. compressa*, Loc., 1886. *Pr.*, p. 218. — 1897. *Exp. Tr.*, I, p. 439.

Subcylindroïde allongé; spire haute, peu acuminée; 9 à 10 tours plans, comprimés au milieu, étagés, le dernier notablement plus grand que le

13 de la hauteur totale; ouverture subovalaire, égale au 1/5 de la hauteur; même ornementation, atténuée seulement à la base du dernier tour. — H. 6; D. 1 1/2 millimètre.

Golfe du Lion, au delà de 250 mètres; au large de Marseille, falaise Peyssonnel, entre 500 et 700 mètres.

Turbonilla attenuata, JEFFREYS.

Odostomia attenuata, Jeffr., 1884. *In Proc. Zool., soc. Lond.*, p. 360, pl. 17, fig. 4. — *T. attenuata*, Loc., 1886. *Prodr.*, p. 218. — 1897. *Exp. Tr.*, I, p. 439.

Très petit, subcylindroïde bien allongé; spire un peu acuminée, haute; 9 à 10 tours plans, le dernier égal au 1/5 de la hauteur totale, arrondi à la base; ouverture subovalaire, presque égale au 1/5 de la hauteur; test assez solide; même ornementation; côtes nulles au dernier tour. — H. 4; D. 1 millimètre.

Au large de Marseille, falaise Peyssonnel, entre 500 et 700 mètres.

B. — Groupe du *T. rufa*.

Test costulé en long et strié en travers.

Turbonilla rufa, PHILIPPI.

Conch. franç., p. 141, fig. 124. — Loc., 1897. *Exp. Trav.*, I, p. 441.

Au large des côtes de Bretagne, entre 880 et 1125 mètres; golfe de Gascogne, à 2020 mètres.

Turbonilla magnifica, SEGUENZA.

T. magnifica, Seg., 1879. *Form. prov. Reggio*, p. 264, pl. 26, fig. 35. — Loc., 1897. *Exp. Trav.*, I, p. 437.

Voisin du *T. striatula*, plus petit, bien moins étroitement subulé, tours plans, séparés par une suture canaliculée; costulations plus fortes et plus saillantes; sommet plus petit. — H. 5; D. 2 millimètres.

Au large des côtes de Bretagne, à 585 mètres; golfe de Gascogne (*teste* Jeffreys).

PTYCHOSTOMIDÆ
Conch. franç., p. 142.

Genre PARTHENINA, Bucq., Dautz., Dollf.
Conch. franç., p. 142.

A. — Groupe du *P. fenestrata*.

Galbe allongé.

Parthenina interstincta, MONTAGU.

Conch. franç., p. 144. — Loc., 1897. *Exp. Trav.*, I, p. 443.

Golfe de Gascogne, depuis la zone herbacée jusqu'à 1080 mètres.

Parthenina Atlantica, LOCARD.

P. Atlantica, Loc., 1897. *Exp. Trav.*, I, p. 444, pl. 19, fig. 16-18.

Très étroitement conoïde-allongé; spire très haute, 8 à 9 tours très légèrement sinués, le dernier égal au 1/3 de la hauteur totale, arrondi à la base; suture assez large, peu profonde; ouverture subpiriforme, presque égale au 1/5 de la hauteur ; test épaissi, orné de costulations assez fortes, rapprochées, irrégulières, subarrondies, étranglées vers le milieu, recouvrant tout le test. — H. 7 ; D. 1 1/2 millimètre.

Golfe de Gascogne, à 2020 mètres.

Parthenina Jeffreysi, BUCQUOY, DAUTZENBERG ET DOLLFUS.

Odostomia Jeffreysi, Bucq., Dautz., Dollf., 1887. *Moll. Rouss.*, I, p. 170, pl. 20, fig. 8-9 *(non* Seguenza). — *P. Jeffreysi*, Loc., 1886. *Prodr.*, p. 223.

Conoïde un peu court, râblé; 4 à 5 tours légèrement convexes, le dernier plus grand que la 1/2 hauteur totale, arrondi puis lentement atténué dans le bas; ouverture piriforme, égale au 1/3 de la hauteur; test orné de côtes longitudinales fortes, régulières, droites, avec un cordon décurrent sur l'avant-dernier tour, et deux sur le dernier. — H. 2 1/2; D. 9/10 millimètre.

Golfe du Lion, entre 110 et 1100 mètres.

B. — Groupe du *P. spiralis.*

Galbe court et ventru.

Parthenina spiralis, MONTAGU.

Conch. franç., p. 145, fig. 126. — Loc., 1896. *Camp. Caud.*, p. 160.

Au large des côtes de Bretagne, depuis la zone herbacée jusqu'à 1125 mètres; golfe de Gascogne, depuis la zone herbacée jusqu'à 950 mètres.

Genre PTYCHOSTOMON, Locard.
Conch. franç., p. 147.

A. — Groupe du *P. obliquum.*

Galbe allongé.

Ptychostomon prælongum, JEFFREYS.

Odostomia prælonga, Jeffr., 1884. *In Proc. Zool. soc. Lond.*, p. 350, pl. 26,
fig. 6. — *Pt. prælongum*, Loc., 1886. *Pr.*, p. 230. — 1887. *Exp. Tr.*, I, p. 449.

Très étroitement allongé; spire très atténuée, 9 à 10 tours plans, le
dernier plus petit que la 1/2 hauteur totale; suture sensible; ouverture
subrectangulaire, égale à près du 1/4 de la hauteur; pli peu accusé. —
H. 6 ; D. 1 3/4 millimètre.

Golfe de Gascogne, entre 810 et 2650 mètres.

Ptychostomon crassum, JEFFREYS.

Odostomia crassa, Jeffr., 1884. *In Pr. Zool. soc. Lond.*, p. 350, pl. 26, fig. 7.

Voisin du *Pt. prælongum*, galbe un peu plus trapu, plus gros à la base
pour une même hauteur; 8 à 10 tours plans, le dernier à peine plus haut
que les précédents, un peu brusquement arrondi en dessous; ouverture petite, subarrondie, avec un fort pli interne bien apparent. —
H. 6 ; D. 2 millimètres.

Au large des côtes de Bretagne, entre 585 et 1125 mètres.

Ptychostomon unifasciatum, FORBES.

Eulima unifasciata, Forb., 1843. *Rep. Æg. inv.*, p. 188. — Loc., 1886. *Prodr.*,
p. 238. — 1897. *Exp. Trav.*, I, p. 450.

Galbe voisin de celui du *Pt. prælongum*; 11 tours absolument plans;
suture linéaire accompagnée d'une étroite bande rousse ; ouverture un
peu plus petite et plus arrondie; pli interne plus accusé. — H. 6 ; D.
1 3/4 millimètre.

Marseille, falaise Peyssonnel, entre 500 et 700 mètres.

Ptychostomon minutum, H. ADAMS.

Syrnola minuta, H. Adams, 1869. *In Proc. Zool. soc. Lond.*, p. 174, pl. 19,
fig. 10. — *Pt. minutum*, Loc., 1897. *Exp. Trav.*, I, p. 451.

Voisin du *Pt. prælongum*, plus petit, encore plus étroitement conoïdal;
spire plus élancée ; dernier tour, proportionnellement plus haut ; ouverture plus étroite. — H. 5 ; D. 0,7 millimètre.

Golfe de Gascogne *(teste* Jeffreys).

Ptychostomon nitens, JEFFREYS.

Odostomia nitens, Jeffr., 1870. *In Ann. mag. nat. Hist.*, p. 79. — 1884. *In
Pr. Zool. Soc. Lond.*, p. 349, pl. 27, fig. 5.

Ovoïde très allongé ; 6 à 7 tours presque plans, le dernier égal à près des 3/5 de la hauteur totale, très largement arrondi-convexe dans le bas ; suture sensible ; ouverture égale au 1/3 de la hauteur, un peu étroitement piriforme, avec un pli petit assez enfoncé. — H. 3/4 ; D. 2 millim.

Au large des côtes de Bretagne, entre 420 et 1125 mètres.

B. — Groupe du *Pt. conoideum*.

Galbe conique un peu court.

Ptychostomon conoideum, Brocchi.

Conch. franç., p. 149, fig. 129. — 1897. *Exp. Trav.*, I, p. 446.

Au large des côtes de Bretagne, depuis la zone littorale jusqu'à 585 mètres ; golfe de Gascogne, depuis la zone littorale jusqu'à 2550 mètres ; fosse du cap Breton, entre 80 et 430 mètres ; au large de Marseille à 555 mètres.

Ptychostomon unidentatum, Montagu.

Conch. franç., p. 149. — 1898. *Exp. Trav.*, I, p. 446.

Au large des côtes de Bretagne, depuis la zone herbacée jusqu'à 880 mètres.

Ptychostomon Lukisi, Jeffreys.

Conch. franc., p. 150. — 1897. *Exp. Trav.*, I, p. 448.

Golfe de Gascogne, depuis la zone corallienne jusqu'à 1190 mètres.

C. — Groupe du *Pt. rissoides*.

Galbe court et ventru.

Ptychostomon suboblongum, Jeffreys.

Odostomia suboblonga, Jeffr., 1884. *In Proc. Zool. Soc. Lond.*, p. 345, pl. 26, fig. 3. — *Pt. suboblongum*, Loc., 1896. *Prodr.*, p. 230. — 1897. *Exp. Trav.*, I, p. 445.

Très petit, très court et ramassé ; 4 à 5 tours plans, le dernier égal à près des 2/3 de la hauteur totale, gros, arrondi à la base ; suture sensible ; ouverture piriforme un peu plus petite que la 1/2 hauteur ; pli petit, saillant. — H. 2 1/2 ; D. 1 millimètre.

Au large des côtes de Bretagne, à 880 mètres ; golfe de Gascogne (*teste* Jeffreys).

Ptychostomon ovale, DE FOLIN.

Oceanidea ovalis, Fol., 1884. *Les Fonds de la mer*, IV, p. 206, pl. 4, fig. 4. —
Pt. ovale, Loc., 1897. *Exp. Trav.*, I, p. 451.

Ovoïde un peu allongé; spire peu haute, 5 tours à peine convexes, le
dernier égal aux 3/5 de la hauteur totale; suture linéaire; ouverture
étroitement piriforme, égale au 1/3 de la hauteur; pli à peine sensible.
— H. 3; D. 1 millimètre.

Golfe de Gascogne, à 800 mètres.

Genre PYRAMIDELLA, de Lamarck.

Coquille conoïde; spire élevée; ouverture entière, semi-ovale, arrondie en avant; columelle droite, munie de plusieurs plis spiraux et saillants; test lisse.

Pyramidella nitidula, A. ADAMS.

Syrnola nitidula, Ad., 1860. *In Ann. Mag. nat. Hist.*, p. 335. — *P. nitidula*,
Jeffr., 1884. *In Proc. Zool. Soc. Lond.*, p. 363, pl. 27. fig. 8. — Loc., 1897.
Exp. Trav., I, p. 454, pl. 20, fig. 1-6.

Conique plus ou moins court; spire un peu acuminée; 7 à 8 tours
plans, le dernier un peu plus grand que la 1/2 hauteur totale, arrondi
en dessous; suture linéaire, le plus souvent bordée d'une bande rousse,
également visible vers la base du dernier tour; ouverture semi-ovalaire,
égale au 1/3 de la hauteur; 3 à 4 plis columellaires. — H. 5 à 7; D.
2 1/2 à 3 millimètres.

Au large des côtes de Bretagne à 815 mètres; golfe de Gascogne *(teste
Jeffreys)*.

Genre ONDINA, de Folin.

Conch. franç., p. 152.

Ondina insculpta, MONTAGU.

Conch. franç.. p. 152, fig. 131.

Golfe de Gascogne, depuis la zone herbacée jusqu'à 855 mètres;
golfe du Lion, au delà de 250 mètres.

Ondina Wareni, THOMPSON.

Conch. franç., p. 153.

Golfe du Lion, au delà de 250 mètres.

Genre MATHILDA, Semper.

Conch. franç., p. 154.

Mathilda quadricarinata, BROCCHI.

Turbo quadricarinatus, Broc.. 1814. *Conch. foss. Sub..* p. 375, pl. 7, fig. 6.
— *M. quadricarinata*, Semp., 1865. *In Journ. conch.*, XIII. p. 332. — Loc.,
1897. *Exp. Trav.*, 1, p. 456, pl. 19, fig. 19-21.

Conoïde-allongé; spire très haute, 11 à 12 tours très anguieux, le
dernier un peu plus grand que les 2/5 de la hauteur totale ; ouverture
subarrondie, un peu plus grande que le 1/5 de la hauteur; test orné de
3 ou 4 carènes sur les tours et de 4 sur le dernier, étroites, bien espacées, et de stries longitudinales assez fortes, rapprochées. — H. 12 à 15;
D. 4 à 5 millimètres.

Golfe de Gascogne *(teste* Jeffreys).

RISSOIDÆ

Conch. franç., p. 156.

Genre ALVANIA, Leach.

Conch. franç., p. 156.

A. — Groupe de l'*A. cimicina*.

Test épais, treillissé, plus ou moins granuleux.

Alvania cimicina, LINNÉ.

Conch. franç., p. 156, fig. 135.

Tout le golfe du Lion, depuis la zone herbacée jusqu'à 250 mètres.

Alvania cancellata, DA COSTA.

Conch. franç., p. 157.

Tout le golfe du Lion, depuis la zone herbacée jusqu'à 250 mètres.

Alvania subcrenulata, SCHWARTZ VON MOHRENSTEIN.

Conch. franç., p. 158.

Tout le golfe du Lion, depuis la zone herbacée jusqu'à 250 mètres.

Alvania hispidula, DE MONTEROSATO.

Conch. franç., p. 158.

Golfe du Lion, depuis la zone herbacée jusqu'à 250 mètres.

Alvania Zetlandica, MONTAGU.

Conch. franç., p. 158.

Au large des côtes de Bretagne, entre 495 et 1125 mètres ; golfe du Lion, depuis la zone herbacée jusqu'à 250 mètres.

C. — Groupe de l'A. reticulata.

Test finèment réticulé.

Alvania reticulata, MONTAGU.

Conch. franç., p. 160, fig. 137.

Golfe du Lion, depuis la zone herbacée jusqu'à 250 mètres.

Alvania cimicoides, FORBES.

Conch. franç., p. 161. — 1897. *Exp. Trav.*, p. 458.

Au large des côtes de Bretagne, entre 495 et 1125 mètres ; golfe de Gascogne, depuis la zone herbacée jusqu'à 1190 mètres ; golfe du Lion, depuis la zone herbacée jusqu'à 250 mètres ; au large de Marseille, falaise Peyssonnel, la Cassidagne, entre 500 et 700 mètres.

Alvania Testæ, ARADAS et BENOIT.

Conch. franç., p. 161.

Au large des côtes de Bretagne, à 815 mètres ; au large de Marseille, falaise Peyssonnel, entre 500 et 700 mètres.

Alvania abyssicola, FORBES.

Conch. franç., p. 161. — 1897. *Exp. Trav.*, I, p. 459.

Golfe de Gascogne, depuis la zone corallienne jusqu'à 1190 mètres ; fosse du cap Breton, entre 195 et 435 mètres ; au large de Marseille, la Cassidagne, Maïré, depuis la zone corallienne jusqu'à 1200 mètres.

Alvania subsoluta, ARADAS.

Conch. franç., p. 162. — 1897. *Exp. Trav.*, I, p. 461.

Au large des côtes de Bretagne, entre 875 et 1125 mètres ; golfe de Gascogne, depuis 1020 jusqu'à 2020 mètres ; golfe du Lion, au delà de 250 mètres ; au large de Marseille, falaise Peyssonnel, entre 500 et 700 mètres.

Alvania Jeffreysi, WALLER.

Conch. franç., p. 162. — 1897. *Exp. Trav.*, I, p. 460.

Au large des côtes de Bretagne, entre 815 et 1125 mètres; golfe de Gascogne *(teste* Jeffreys).

Alvania puncturata, MONTAGU.

Conch. franç., p. 162.

Au large des côtes de Bretagne, à 815 mètres; golfe du Lion, depuis la zone corallienne jusqu'à 250 mètres.

Genre RISSOIA, de Freminville.

Conch. franç., p. 166.

B. — Groupe du *R. violacea.*

Galbe conique ventru; côtes longitudinales atténuées.

Rissoia violacea, DESMAREST.

Conch. franç., p. 170, fig. 146.

Golfe de Gascogne, fosse du cap Breton, entre 40 et 145 mètres.

C. — Groupe du *R. parva.*

Coquille très petite; galbe globuleux; test costulé.

Rissoia parva, DA COSTA.

Conch. franç., p. 172, fig. 148. — 1897. *Exp. Trav.*, I, p. 462.

Golfe de Gascogne, depuis la zone littorale jusqu'à 1110 mètres.

Rissoia inconspicua, ADAMS.

Conch. franç., p. 172.

Golfe de Gascogne, fosse du cap Breton, depuis 40 jusqu'à 410 mètres; golfe du Lion, depuis la zone herbacée jusqu'à 250 mètres.

Rissoia deliciosa, JEFFREYS.

Rissoa deliciosa, Jeffr., 1884. *In Proc. Zool. Soc.Lond.*, p. 121, pl. 9, fig. 7. — Loc., 1897. *Exp. Trav.*, I, p. 463.

Très petit, globuleux-conoïde; spire courte, 5 tours faiblement convexes, étagés, le dernier gros, arrondi, égal à près des 3/4 de la hauteur totale; ouverture ovalaire, un peu plus petite que la 1/2 hauteur ; test gris roux; 13 à 14 costulations longitudinales étroites, régulières sur l'avant-dernier tour; stries décurrentes très fines, visibles entre les côtes. — H. 3; D 2 millimètres.

Au large des côtes de Bretagne, à 880 mètres ; golfe de Gascogne, à 90 mètres.

Rissoia turricula, JEFFREYS.

Rissoa turricula, Jeffr., 1884. *In Pr. Zool. Soc. Lond.*, p. 120, pl. 17, fig. 6.

Extrêmement petit, conoïde ; 4 tours convexes, un peu étagés, le dernier égal à un peu moins des 2/3 de la hauteur totale, arrondi, puis atténué dans le bas ; ouverture subarrondie, plus petite que la 1/2 hauteur ; test orné de côtes longitudinales assez fortes, peu saillantes, atténuées, légère-ment obliques, laissant entre elles des espaces plus larges que leur épais-seur. — H. 1 ; D. 3/4 millimètre.

Au large des côtes de Bretagne, à 1125 mètres.

Genre CINGULA, Fleming.

Conch. franç., p. 174.

A. — Groupe du *C. vittata*.

Galbe subconique ; sculpture et ornementation décurrentes.

Cingula semistriata, MONTAGU.

Conch. franç., p. 175. — 1897. *Exp. Trav.*, I, p. 465.

Golfe de Gascogne, depuis la zone littorale jusqu'à 1110 mètres.

Cingula tenuisculpta, B. WATSON.

Rissoa tenuisculpta, Wats., 1873. *In Proc. Zool. Soc. Lond.*, p. 369, pl. 36, fig. 28. — *C. tenuisculpta*, Loc., 1886. *Pr.*, p. 365. — 1897. *Exp. Tr.*, I, p. 463.

Très petit, subcylindroïde allongé ; spire acuminée ; tours convexes, le dernier égal aux 3/5 de la hauteur totale ; ouverture subarrondie, égale au 1/3 de la hauteur ; test orné de linéoles ou stries longitudinales et décurrentes, distantes et irrégulières. — H. 3 1/2; D. 1 millimètre.

Au large des côtes de Bretagne, à 880 mètres ; golfe de Gascogne, entre 1020 et 2650 mètres.

B. — Groupe du *C. proxima*.

Galbe cylindroïde ; test obtusément strié ou lisse.

Cingula proxima, ALDER.

Conch. franç., p. 170, fig. 152.

Golfe de Gascogne, fosse du cap Breton, entre 40 et 145 mètres.

Cingula vitrea, MONTAGU.

Conch. franç., p. 177.

Golfe de Gascogne, fosse du cap Breton, entre 60 et 310 mètres.

C. — Groupe du *C. Pulcherrima*.

Coquille plus ou moins ombiliquée ; galbe conique-ventru.

Cingula turgida, JEFFREYS.

Rissoa turgida, Jeffr., 1870. *In Ann. mag. nat. Hist.*, p. 8. — *C. turgida.*
Loc., 1896. *Prodr.*, p. 267. — 1897. *Exp. Trav.*, I. p. 464.

Très petit, galbe court et trapu ; tours simplement convexes, ornés de stries décurrentes très fines, à peines visibles, logées à la base des tours ; ouverture ovalaire. — H. 2 ; D. 1 millimètre.

Au large des côtes de Bretagne, entre 585 et 1125 mètres ; golfe de Gascogne *(teste* Jeffreys).

NATICIDÆ

Conch. franç., p. 181.

Genre NATICA, Scopoli.

Conch. franç., p. 182.

B. — Groupe du *N. catenata*.

Ombilic sans funicule.

Natica catenata, DA COSTA.

Conch. franç., p. 182, fig. 157. — 1896. *Exp. Caud.*, p. 160.

Golfe de Gascogne, depuis la zone littorale jusqu'à 400 mètres ; golfe du Lion, depuis la zone littorale jusqu'à 250 mètres.

Natica Alderi, FORBES.

Conch. franç., p. 183. — 1897. *Exp. Trav.*, I, p. 469.

Golfe de Gascogne, depuis la zone littorale jusqu'à 248 mètres.

Natica Poliana, DELLE CHIAJE.

Conch. franç., p. 183.

Golfe du Lion, depuis la zone littorale jusqu'à 250 mètres.

Natica Rizzæ, PHILIPPI.

N. Rizzæ, Phil., 1844. *Zeit. Malac.*, p. 103. — Loc., 1886. *Prodr.*, p. 276.

Ovoïde-globuleux ; spire peu haute, dernier tour arrondi, un peu allongé dans le bas ; ouverture semi-lunaire et égale aux 2/3 de la hauteur totale ; test roux-clair, avec une large zone dans le haut du dernier tour ornée de flammes rousses en zigzags. — H. 13 ; D. 11 millimètres.

Golfe de Gascogne, à 165 mètres.

Natica fusca, DE BLAINVILLE.

Conch. franç., p. 184. — 1897. *Exp. Trav.*, I, p. 468.

Au large des côtes de Bretagne, depuis la zone herbacée jusqu'à 1125 mètres ; golfe de Gascogne et fosse du cap Breton, depuis la zone herbacée jusqu'à 400 mètres.

Natica flammulata, REQUIEN.

N. flammulata, Req., 1848. *Moll. Corse*, p. 61. — Loc., 1897. *Exp. Trav.*, I, p. 470, pl. 19, fig. 28-31.

Voisin du *N. Alderi*, plus petit, un peu moins allongé ; spire moins acuminée ; dernier tour bien plus gros, moins haut, plus ventru ; ouverture plus élargie ; ombilic plus petit, moins couvert ; test entièrement flammulé de roux, avec une bande blanche médiane. — H. 14 ; D. 13 millimètres.

Golfe de Gascogne, à 610 mètres.

Natica Montagui, FORBES.

N. Montagui, Forb., 1838. *Malac. Mon.*, p. 172, pl. 2, fig. 3-4. — Loc., 1897. *Exp. Trav.*, II, p. 171.

Extrêmement globuleux, un peu plus large que haut ; spire très courte ; dernier tour très gros ; ouverture largement semi-lunaire ; ombilic ouvert,

médiocre, avec une callosité saillante recouvrant un funicule très atténué ;
test blanc roussâtre, lisse et brillant. — H. 12 à 14 ; D. 13 à 15 millim.

Au large des côtes de Bretagne, entre 851 et 1125 ; golfe de Gascogne,
entre 155 et 610 mètres.

Natica subplicata, Jeffreys.

> N. subplicata, Jeffr., 1885. In Proc. Zool. Soc. Lond.. p. 32, pl. 4, fig. 2. —
> Loc., 1897. Exp. Trav., I, p. 473.

Galbe globuleux, un peu ovoïde ; spire peu haute, tours convexes, bien
distincts, le dernier arrondi et brusquement atténué en haut et en bas ;
ouverture semi-lunaire ; ombilic très petit, évasé, en partie masqué ; test
roux très clair, vaguement plissé. — H. 6 à 10 ; D. 5 à 8 millimètres.

Au large des côtes de Bretagne, entre 495 et 1125 mètres ; golfe de
Gascogne, entre 390 et 1350 mètres.

Natica prosistens, Locard.

> N. prosistens. Loc., 1897. Exp. Trav.. I, p. 473, pl. 19, fig. 32-35.

Ovoïde assez allongé ; spire un peu haute, mais très obtuse, dernier
tour largement arrondi, allongé à la base ; ombilic petit, évasé ; ouverture
semi-lunaire, un peu haute ; test roux très clair, avec quelques plis
sensibles vers la suture. — H. 7 ; D. 5 millimètres.

Golfe de Gascogne, à 1000 mètres.

Natica nana, Möller.

> N. nana, Möll., 1842. Ind. Moll. Groenl.. p. 7. — Loc.. 1897. Exp. Tr., I, p. 475.

Petit, ovoïde-globuleux, spire extrêmement courte, très obtuse, dernier tour très développé, arrondi, puis allongé dans le bas ; suture à
peine accusée ; ombilic petit, en grande partie couvert ; ouverture un peu
étroitement semi-lunaire ; test roux très clair, lisse et brillant. — H. 5 ;
D. 4 millimètres.

Golfe de Gascogne, à 1710 mètres.

Natica obtusa, Jeffreys.

> N. obtusa, Jeffr.,1885. In Proc. Zool. Soc. Lond., p. 33. pl. 4. fig. 6. — Loc.,
> 1897. Exp. Trav., I, p. 477.

Petit, ovoïde-globuleux, élargi dans le bas ; spire très courte, dernier
tour très grand, développé obliquement dans le bas à l'extrémité ; suture

linéaire ; ombilic très petit, presque entièrement masqué ; ouverture
subpiriforme, arrondie en bas ; test blanchâtre, lisse et brillant. — H. 6 ;
D. 5 1/2 millimètres.
Golfe de Gascogne, à 2010 mètres.

Natica olivella, LOCARD.

N. olivella, Loc., 1897. *Exp. Trav.*, I, p. 479, pl. 20, fig. 15-16.

Ovoïde un peu allongé ; spire assez haute, légèrement acuminée, dernier tour largement convexe-arrondi, très lentement atténué dans le
bas ; suture canaliculée ; ombilic très petit, faiblement évasé, en partie
masqué ; ouverture semi-lunaire, un peu étroite ; test grisâtre, très brillant. — H. 16 ; D. 13 millimètres.
Golfe de Gascogne, à 545 mètres.

Natica apora, B. WATSON.

N. apora, Wats., 1885. *Voy. Challeng.*, XV, p. 455, pl. 27, fig. 11. — Loc.,
1897. *Exp. Trav.*, I, p. 483.

Ovoïde, faiblement atténué aux deux extrémités, un peu allongé ; spire
peu haute, tours faiblement convexes, le dernier lentement atténué à la
base et peu déclive à l'extrémité ; suture bien canaliculée ; ombilic presque
nul ; test blanchâtre, lisse et brillant. — H. 9 ; D. 7 1/2 millimètres.
Golfe de Gascogne, à 390 mètres.

D. — Groupe du *N. intricata*.

Ombilic muni de deux funicules.

Natica intricata, DONOVAN.

Conch. franç., p. 184, fig. 159.

Golfe du Lion, depuis la zone littorale jusqu'à 250 mètres.

Genre NEVERITA, Risso.
Conch. franç., p. 185.

Neverita pilula, LOCARD.

N. pilula, Loc., 1897. *Exp. Trav.*, I, p. 481, pl. 20, fig. 27-30.

Très petit, ovoïde-ventru, très atténué aux deux extrémités ; spire très
obtuse, le dernier tour très développé, plan vers la suture, puis bien

arrondi ; suture linéaire ; ombilic nul, complètement masqué par un épais callum ; ouverture grande, subovalaire ; test épais, grisâtre, très brillant. — H. 6 ; D. 5 millimètres.

Golfe de Gascogne, à 2020 mètres.

VELUTINIDÆ

Conch. franç., p. 185.

Genre LAMELLARIA, Montagu.

Conch. franç., p. 186.

Lamellaria perspicua, LINNÉ.

Conch. franç., p. 186, fig. 162.

Golfe de Gascogne, depuis la zone littorale jusqu'à 185 mètres ; golfe du Lion, depuis la zone littorale jusqu'à 250 mètres ; au large de Marseille, jusqu'à 200 mètres.

Genre ONCIDIOPSIS, Beck.

Coquille interne, membraneuse, flexible, clipéiforme, non spirale, obtu-e en avant et en arrière.

Oncidiopsis aurantiaca, P. FISCHER.

O. aurantiaca, P. Fisch., in Loc., 1897. *Exp. Trav.*, I, p. 485, pl. 22, fig. 16-17.

Coquille inconnue ; animal ovalaire, épais, bien bombé sur le dos, aplati en dessous ; bouclier dorsal très épais, orné de petites pustules verruqueuses ; bord continu avec pli accusé au niveau de la tête ; pied dépassant le bouclier, terminé en pointe arrondie ; coloration orangée. — L. 45 ; D. 30 ; H. 10 millimètres.

Golfe de Gascogne, à 305 mètres.

XENOPHORIDÆ

Coquille trochiforme, carénée ; ouverture oblique à bords non continus et régulièrement arqués ; labre simple ; opercule corné, non spiral, orné de stries concentriques à nucléus central.

Genre XENOPHORA, Fischer de Waldheim.

Coquille conique en dessus, concave ou aplatie en dessous ; tours plans emprisonnant dans le test des corps solides étrangers.

Xenophora Mediterranea, TIBERI.

X. Mediterranea, Tib., 1863. *In Journ. conch.*, XI, p. 157, pl. 6, fig. 1. — Loc., 1897. *Exp. Trav.*, I, p. 486.

Coquille plus large que haute, à carène basale aiguë ; dernier tour légèrement concave en dessous ; ouverture ovalaire, grande, très oblique ; test empâtant des corps étrangers, principalement des coquilles, treillissé en dessous. — H. 12 ; D. 23 millimètres.

Golfe de Gascogne *(teste* de Folin, Jeffreys) (1).

LITTORINIDÆ

Conch. franç., p. 187.

Genre FOSSARUS, Philippi.

Conch. franç., p. 191.

Fossarus costatus, BROCCHI.

Conch. franç., p. 191.

Golfe de Gascogne, fosse du cap Breton, entre 65 et 150 mètres.

Genre LACUNA, Turton.

Coquille assez petite, turbinée-globuleuse ; ouverture semi-ovalaire ; columelle aplatie, bordée en dehors par un canal parallèle aboutissant à l'ombilic ; ombilic simple, non caréné.

B. — Groupe du *L. divaricata.*

Spire haute, plus ou moins acuminée.

Lacuna tenella, JEFFREYS.

L. tenella, Jeffr., 1867. *Brit. conch.*, V, p. 204. pl. 101, fig. 7. — Loc., 1897. *Exp. Trav.*, I, p. 495.

(1) Signalé sous le nom de *Xenophora crispa*, Köning.

Ovoïde-globuleux; spire un peu haute, 5 à 6 tours convexes, bien étagés, le dernier gros, arrondi, un peu atténué dans le bas; suture bien accusée; ouverture subcirculaire, labre mince; test solide, blanchâtre, lisse. — H. 4; D. 2 1/4 millimètres.

Au large des côtes de Bretagne, entre 585 et 1125 mètres; golfe de Gascogne, entre 680 et 2020 mètres; golfe du Lion, au delà de 250 mètres; au large de Marseille et plateau Peyssonnel, entre 500 et 2000 mètres.

Lacuna abyssorum, LOCARD.

Cithna abyssorum, Loc., 1896. *Exp. Caud.*, p. 163, pl. 5, fig. 7. — *L. abyssorum*, Loc. 1897. *Exp. Trav.*, I, p. 496.

Ovoïde très globuleux; spire peu haute, 5 tours bien convexes, très étagés, le dernier très gros, bien arrondi, rapidement atténué à la base; ouverture subcirculaire; même test. — H. 4; D. 2 1/2 millimètres.

Golfe de Gascogne, à 1710 mètres.

Genre CITHNA, A. Adams.

. Galbe turbiné-aplati, bord columellaire aplati; ombilic limité en dehors par une carène distincte.

Cithna naticiformis, JEFFREYS.

C. naticiformis, Jeffr., 1883. *In Proc. Zool. Soc. Lond.*, p. 112, pl. 20, fig. 11. — Loc., 1897. *Exp. Trav.*, I, p. 497.

Très petit, plus large que haut; 4 tours arrondis, étagés, le dernier extrêmement grand, arrondi; ouverture subcirculaire; ombilic petit, évasé, accompagné d'une carène très accusée. — H 2 1/2 : D. 3 1/2 millimètres.

Golfe de Gascogne, à 2020 mètres.

Genre IPHITUS, Jeffreys.

Coquille petite, turbinée-conique; spire peu haute; sommet subcylindrique, brun; ombilic nul ou perforé; ouverture arrondie, entière; test orné de costulations longitudinales et de cordons décurrents.

Iphitus tenerrimus, DAUTZENBERG et H. FISCHER.

I. tenerrimus, Dtz., H. Fisch., 1897. *In Mém. Soc. zool. Fr.*, IX. p.454, pl. 19, fig. 2. — Loc., 1897. *Exp. Trav.*, I, p. 498.

Turbiné, un peu plus haut que large ; 7 tours convexes, un peu étagés, le dernier bien arrondi ; ombilic perforé ; test mince, translucide, orné de costulations longitudinales étroites, peu accusées et de cordons décurrents un peu plus forts, 4 à l'avant-dernier tour, et 10 au-dessous du dernier. — H. 4 ; D. 3 millimètres.

Golfe de Gascogne, à 2020 mètres.

Iphitus tuberatus, Jeffreys.

I. tuberatus, Jeffr., 1883. *In Pr. Zool. Soc. Lond.,* p. 114, pl. 20, fig. 12.

Galbe voisin de l'*I. tenerrinus,* tours moins convexes ; suture subcanaliculée ; test orné de cordons longitudinaux obliques, rapprochés, recoupés par 3 cordons décurrents sur l'avant-dernier tour et 5 sur le dernier, formant à leur rencontre des petits mamelons saillants et arrondis. — H. 2 1/2 ; D. 2 millimètres.

Au large des côtes de Bretagne, à 585 mètres.

PHASIANELLIDÆ
Conch. franç., p. 194.

Genre PHASIANELLA, de Lamarck
Conch. franç., p. 194.

Phasianella pulla, Linné.

Conch. franç., p. 194, fig. 170.

Au large des côtes de Bretagne, entre 420 et 880 mètres.

JANTHINIDÆ
Conch. franç., p. 196.

Genre JANTHINA, de Lamarck.
Conch. franç., p. 196.

Janthina exigua, de Lamarck.

Conch. franç., p. 198.

Au large des côtes de Bretagne, entre 585 et 1125 mètres ; golfe de Gascogne, depuis 165 jusqu'à 1110 mètres (1).

---

(1) Les *Janthinidæ* sont des animaux essentiellement pélagiques ; mais leur coquille a été à plusieurs reprises draguée dans les grands fonds ; c'est à ce titre que nous les admettons dans nos listes avec des cotes de profondeur.

CYCLOSTREMIDÆ
Conch. franç.. p. 198.

Genre CYCLOSTREMA, Marryat.
Conch. franç., p. 198.

Cyclostrema basistriatum, BRUGNONE.

C. basistriatum. Brugn.. 1876. *Miscel. malac.*, II. p. 17. fig. 24. — Loc.,1898. *Exp. Trav.*, II, p. 5.

Globuleux-déprimé, notablement plus large que haut ; 4 tours convexes, étagés. le dernier très grand. développé à son extrémité, arrondi ; ombilic très petit ; ouverture grande, presque circulaire ; test blanc, subopaque, orné de stries concentriques très fines. presque obsolètes sur les tours, accusées en dessous du dernier. — H. 3 1/2 ; D. 4 1/2 millimètres.

Golfe de Gascogne, à 1020 mètres.

Cyclostrema trochoides, JEFFREYS.

C. trochoides, Jeffr.. *in* Friele, 1875. *Bidr. Vestl. Moll.*, p. 2. — Loc., 1898. *Exp. Trav.*, II, p. 6.

Plus petit, plus globuleux, à peine plus large que haut ; dernier tour moins grand en diamètre ; ombilic entièrement masqué ; ouverture circulaire ; test presque complètement lisse, même en dessous. — H. 3 ; D. 3 1/4 millimètres.

Golfe de Gascogne, entre 680 et 1960 mètres.

Cyclostrema rugulosum, JEFFREYS.

C. rugulosum, Jeffr., *in* G. O. Sars, 1878. *Moll. Norv.*, p. 129, pl. 21, fig. 5.

Voisin du *C. basistriatum*, plus déprimé ; spire très peu haute ; 3 tours, le dernier tour, un peu étroitement arrondi. grand, bien développé en diamètre, un peu déclive à l'extrémité ; ombilic distinct. circulaire ; ouverture bien arrondie ; test orné de stries décurrentes, obsolètes, très finement rugueuses, plus accusées en dessous. — H. 1, 1 ; D. 1/3 millimètres.

Cyclostrema affine, JEFFREYS.

C. affine, Jeffr., 1883. *In Proc. Zool. Soc. Lond..* p. 92, pl. 19, fig. 5. — Loc., 1898. *Exp.. Trav.*, II, p. 7.

Très petit, conoïde-globuleux, un peu plus haut que large ; 4 tours convexes, un peu élevés, le dernier gros, arrondi ; ombilic sensible ; ouverture circulaire ; test orné de stries d'accroissement accusées. — H. 2 ; D. 1 3/4 millimètre.

Golfe de Gascogne (*teste* Jeffreys).

Cyclostrema spheroides, S.-V. WOOD.

Turbo spheroides, Wood, 1842. *In Ann. mag. nat. Hist.,* p. 533, pl. 5, fig. 3. — *C. spheroides*, Jeffr., 1883. *In Proc. zool. soc. Lond.,* p. 93. — Loc., 1898. *Exp. Trav.,* II, p. 7.

Sphéroïde-globuleux ; spire très courte ; 3 tours convexes, le dernier très gros, bien arrondi, égal aux 5/6 de la hauteur totale, ouverture grande, circulaire ; test orné de 6 à 7 cordons décurrents sur le dernier tour. — H. et D. 2 millimètres.

Golfe de Gascogne, entre 1020 et 1190 mètres.

Genre THARSIS, Jeffreys.

Coquille globuleuse ; ouverture circulaire ; ombilic fermé par un bourrelet calleux ; test solide, brillant, lisse ; opercule corné, multispiré.

Tharsis Romettensis, SEGUENZA.

Oxystele Romettensis, Seg., *in* Granata-Grillo, 1877. *Descr. esp. nouv.,* p. 7. — *T. Romettensis*, Jeffr., 1867. *In Proc. Zool. soc. Lond.,* p. 93, pl. 19, fig. 7. — Loc., 1898. *Exp. Trav.,* II, p. 9.

Très petit, un peu plus haut que large ; spire peu élevée, 4 à 5 tours bien convexes, étagés, le dernier arrondi ; suture distincte ; fente ombilicale très étroite ; ouverture circulaire ; test épaissi, lisse et brillant. — H. 3 ; D. 2 3/4 millimètres.

Golfe de Gascogne, entre 1265 et 2020 mètres ; golfe du Lion, au delà de 250 mètres ; au large de Marseille, falaise Peyssonnel, entre 500 et 700 mètres.

Tharsis Gaudryi, DAUTZENBERG ET H. FISCHER.

T. Gaudryi, Dtz., H. Fisch., 1896. *In Mém. Soc. Zool. Fr.,* IX, p. 486, pl. 21, fig. 14-15. — Loc., 1898. *Exp. Trav.,* II, p. 10.

Plus petit, plus déprimé ; spire moins haute ; 3 1/2 tours convexes ; fente ombilicale un peu plus accusée ; test plus épais. — H. 1 1/2 ; D. 1 3/5 millimètre.

Golfe de Gascogne, entre 1095 et 2020 mètres.

Genre ADEORBIS, S. W. Wood.

Conch. franç., p. 201.

Adeorbis umbilicatus, JEFFREYS.

A. umbilicatus, Jeffr., *in* Loc., 1898. *Exp. Trav*, II, p. 11, pl. 2, fig. 1-4.

Très petit, subglobuleux-déprimé, plus large que haut ; 3 tours, le dernier très grand, gros et ventru, subanguleux à sa naissance, un peu aplati en dessous ; suture subcanaliculée ; ombilic très éva-é, bordé d'un cordon carénal ; ouverture grande, arrondie ; test mince, fragile, paucistrié, subtranslucide. — H. 1 ; D. 1/2 millimètre.

Golfe de Gascogne, entre 675 et 815 mètres.

Genre MÖLLERIA, Jeffreys.

Coquille très petite, perforée ; spire très courte, dernier tour globuleux ; ouverture arrondie, labre subdoublé ; test strié ; opercule multispiré à nucléus central.

Mölleria costulata, MÖLLER.

Margarita costulata, Möll., 1842. *Ind. Moll. Groenl*, p. 8. — *M. costulata*, Jeffr., 1865. *Brit. conch.*, III, p. 292. — Loc., 1898. *Exp. Trav.*, II, p. 12.

Globuleux-déprimé, bien plus large que haut ; spire peu haute, 3 tours subcylindriques, étagés, le dernier très arrondi ; ombilic bien évasé ; test orné de costulations longitudinales extrêmement fines, filiformes, très rapprochées, avec 3 ou 4 cordons décurrents espacés autour de l'ombilic. — H. 1,7 ; D. 2,1 millimètres.

Golfe de Gascogne *(teste* Jeffreys).

SOLARIIDÆ

Conch. franç., p. 202.

Genre SOLARIUM, de Lamarck.

Conch. franç., p. 202.

Solarium discoideum, PHILIPPI.

S. discus, Phil., 1844. *Enum. Moll. Sicil.*, II, p. 225, pl. 28, fig. 12. — *S. discoideum*, Loc., 1886. *Prodr.*, p. 302. — 1897. *Exp. Trav.*, II, p. 13.

Taille moyenne, galbe faiblement conique, 6 tours plans, le dernier caréné, faiblement bombé en dessous ; ombilic très grand, bordé d'un cordon granuleux ; test grisâtre, moucheté de roux au voisinage de la carène et de la suture, orné de cordons granuleux obsolètes, dont 2 plus accusés. — H. 5 à 6 ; D. 13 à 15 millimètres.

Golfe de Gascogne, entre 610 et 1020 mètres.

Solarium moniliferum, BRONN.

S. moniliferum, Br., 1831. *Ital. Tertiär.*, p. 63.

Orbiculaire-conoïde, 3 fois plus large que haut ; tours très légèrement convexes, bordés d'un cordon étroit, arrondi, granuleux, formant carène au dernier tour ; ombilic un peu étroit, bordé d'un cordon granuleux ; test orné de petits cordons décurrents. — H. 3 ; D. 9 millimètres.

Au large des côtes de Bretagne, entre 420 et 880 mètres.

Solarium fallaciosum, TIBERI.

Conch. franç., p. 202. — 1898. *Exp. Trav.*, II, p. 14.

Golfe de Gascogne, entre 135 et 400 mètres.

Solarium Architæ, O.-G. COSTA.

S. Architæ, Costa, 1830. *Cat. test. Tarento*, p. 40. — Loc., 1882. *Prodr.*, p. 303.

Orbiculaire-déprimé ; spire peu haute ; tours à peine convexes, le dernier caréné en dessus et en dessous ; ombilic extrêmement grand, laissant voir le dessous de tous les tours ; test orné de cordons décurrents fins, granuleux, visibles en dessus et en dessous des tours. — H. 2 1/2 ; D. 6 à 8 millimètres.

Golfe de Gascogne *(teste* de Folin, Jeffreys).

TURBINIDÆ
Conch. franç., p. 203.

Genre TURBO, Linné.
Conch. franç., p. 203.

A. — Groupe du *T. rugosus*.

Opercule lisse ou faiblement granuleux.

Turbo rugosus, Linné.

Conch. franç., p. 203, fig. 179.

Au large de Marseille, la Cassidagne, entre 200 et 250 mètres ; au large des côtes de Provence, au delà de la zone corallienne.

B. — Groupe du *T. Peloritanus.*

Opercule multispiré à sa face interne.

Turbo Peloritanus, Cantraine.

T. Peloritanus, Cantr., 1837. *Diagn.*, p. 11. — Loc., 1898. *Exp. Trav.*, II, p. 17, pl. 21, fig. 28-36.

Taille moyenne, galbe turbiné-conique ; 6 1/2 tours très largement convexes, le dernier subanguleux à la base ; test orné de 2 à 4 cordons décurrents étroits, accusés, continus, le dessous du dernier tour lisse et brillant. — H. 13 à 16 ; D. 16 à 18 millimètres.

Au large des côtes de Bretagne, entre 495 et 915 mètres ; golfe de Gascogne, entre 510 et 1225 mètres.

Genre SOLARIELLA, Wood.

Coquille ombiliquée, conoïde ; test orné de cordons tuberculeux ; ouverture simple, subanguleuse, labre tranchant ; opercule multispiré.

Solariella cincta, Philippi.

Trochus cinctus, Phil., 1836. *En Moll. Sicil.*, 1, p. 185, pl. 10, fig. 20. — *S. cincta*, Dtz., H. Fisch., 1896. *In Mém. soc. zool. Fr.*, IX, p. 478, pl. 20, fig. 15-17. — Loc., 1898. *Exp. Trav.*, II, p. 31.

Conoïde, variable ; 6 à 7 tours convexes ou carénés, étagés, bien distincts, le dernier arrondi, parfois avec une ou plusieurs carènes, plus petit que la 1/2 hauteur ; ombilic grand, largement évasé ; test orné de costulations longitudinales très nombreuses, en forme de plis peu saillants, devenant granuleuses en haut des tours et sur les carènes, avec des cordons granuleux autour de l'ombilic. — H. 8 à 10 ; D. 7 à 9 millimètres.

Au large des côtes de Bretagne, entre 495 et 1125 mètres ; golfe de Gascogne, entre 510 et 2020 mètres.

Solariella Ottoi, Philippi.

Trochus Ottoi, Phil., 1844. *En. Moll. Sicil.*, II, p. 227, pl. 28, fig. 9.

Turbiné ; spire assez haute, 6 tours bien étagés, anguleux, plans-obliques dans le haut, puis verticaux, le dernier grand, plan en dessus, avec 2 carènes ; ombilic grand, évasé ; test orné d'une série de tubercules plissés à la suture et sur les carènes, et de nombreux cordons granuleux en dessous du dernier tour. — H. 8 1/2 ; D. 8 millimètres.

Golfe de Gascogne *(teste* Jeffreys).

Solariella fulgida, JEFFREYS.

Trochus fulgidus, Jeffr., 1883. *In Pr. Zool. Soc. Lond.,* p. 95, pl. 20, fig. 1.

Très petit, turbiné-conique peu élevé ; 4 tours convexes, le dernier plus grand que les 4/5 de la hauteur totale, arrondi, bien développé en diamètre ; ombilic étroit ; ouverture grande, circulaire ; test blanchâtre, orné de linéoles ondulées, obsolètes. — H. 2 1/2 ; D. 2 1/4 millimètres.

Au large des côtes de Bretagne, à 880 mètres.

Genre ZIZYPHINUS, Gray.

Conch. franç., p. 203.

A. — Groupe du *Z. conuloides.*

Test orné de cordons décurrents.

Zizyphinus Chemnitzi, PHILIPPI.

Conch. franç., p. 204. — 1896. *Camp. Caud.,* p. 166.

Golfe de Gascogne, à 180 mètres.

Zizyphinus granulatus, BORN.

Conch. franç., p. 204.

Golfe de Gascogne, depuis la zone littorale jusqu'à 400 mètres ; au large de Marseille, la Cassidagne, cap Sicié, jusqu'à 250 mètres.

Zizyphinus miliaris, BROCCHI.

Conch. franç., p. 205. — 1898. *Exp. Trav.,* II, p. 45.

Golfe de Gascogne, entre 90 et 240 mètres ; golfe du Lion, depuis la zone herbacée jusqu'à 250 mètres ; au large de Marseille, la Cassidagne, cap Sicié, entre 100 et 400 mètres.

Zizyphinus suturalis, PHILIPPI.

Trochus suturalis, Phil., 1836. *En. Moll. Sicil.,* I, p. 185, pl. 10, fig. 23. — *Z. suturalis,* Mtr., 1885. *Nom. Conch. Médit.,* p. 45. — Loc., 1898. *Exp. Tr v.,* II, p. 42.

Petit, déprimé, un peu plus large que haut, faiblement ombiliqué; 6 à 7 tours plans, le dernier anguleux, un peu convexe en dessous; test brun roux clair, plus pâle en dessous, orné d'un cordon granuleux étroit au voisinage de la suture, de 1 ou 2 à la carène, et de nombreuses stries concentriques en dessous. — H. 10 à 15; D. 12 à 16 millimètres.

Au large des côtes de Bretagne, entre 420 et 1125 mètres; golfe de Gascogne, entre 160 et 510 mètres; au large de Marseille *(teste* Jeffreys).

B. — Groupe du *Z. conulus.*

Test complètement lisse.

Zizyphinus conulus, Linné.

Conch. franç., p. 205, fig. 181.

Golfe du Lion, depuis la zone herbacée jusqu'à 250 mètres; au large de Marseille, la Cassidagne, entre 200 et 250 mètres.

C. — Groupe du *Z. striatus.*

Test strié et costulé.

Zizyphinus striatus, Linné.

Conch. franç., p. 206, fig. 182.

Golfe du Lion, depuis la zone littorale jusqu'à 250 mètres; au large de Marseille, la Cassidagne, entre 200 et 250 mètres.

Zizyphinus Wiseri, Calcara.

Trochus Wiseri, Calc., 1841. *Il Maurol.*, p. 31, pl 6, fig. 1-4. — *Z. Wiseri*, Loc., 1886. *Prodr.*, p. 313. — 1898. *Exp. Trav.*, II, p. 46.

Petit, subconoïde assez élevé; 6 à 7 tours convexes, faiblement étagés, le dernier arrondi, tous aplatis en dessus; test orné de costulations longitudinales obliques, grêles, assez distantes, recoupées par des cordons décurrents presque de même valeur, le tout donnant au test un faciès réticulé. — H. 6; D. 5 millimètres.

Golfe de Gascogne, entre 1020 et 2020 mètres.

Genre GIBBULA, Risso.

Conch. franç., p. 208.

D. — Groupe du *G. cineraria.*

Taille moyenne ; ombilic très petit; test costulé.

Gibbula cineraria, Linné.

Conch. franç., p. 212, fig. 186.

Golfe de Gascogne, depuis la zone littorale jusqu'à 180 mètres.

E. — Groupe du *G. Racketti.*

Taille petite ; ombilic étroit ; test orné de cordons décurrents (1).

Gibbula Racketti, Payraudeau.

Conch. franç., p. 213.

Golfe du Lion, depuis la zone littorale jusqu'à 250 mètres.

Genre CLANCULUS, D. de Montfort.
Conch. franç., p. 216.

Clanculus corallinus, Gmelin.

Conch. franç., p. 216, fig. 191.

Golfe du Lion, depuis la zone littorale jusqu'à 250 mètres et au delà ;
au large de Marseille, la Cassidagne, entre 200 et 250 mètres.

Genre CRASPEDOTUS, Philippi.
Conch., franç., p. 215 *(sub nome Danilia*, Brusina).

Craspedotus Ottavianus, Cantraine.

Olivia Ottaviana, Cantr., 1835. *Diagn.*, p. 12. — *Cr. Ottavianus*, Adams,
1857. *Gen. Moll.*, I, p. 417, pl. 47, fig. 4. — *Danilia Tinei,* Loc., 1892. *Conch.
franç.*, p. 215, fig. 190.— *Cr. Ottavianus*, Loc., 1898. *Exp. Trav..* II, p. 19.

Golfe de Gascogne, depuis la zone corallienne jusqu'à 410 mètres ;
golfe du Lion, depuis la zone corallienne jusqu'au delà de 250 mètres ; au
large de Marseille, falaise Peyssonnel, la Cassidagne, cap Sicié, entre
55 et 700 mètres.

CALYPTRÆIDÆ
Conch. franç., p. 217.

Genre CALYPTRÆA, de Lamarck.
Conch. franç., p. 217.

Calyptræa, Sinensis, Linné.

Conch. franç., p. 217, fig. 192. — 1898. *Exp. Trav.*, II, p. 60.

(1) Comme nous venons de le démontrer (1898. *In l'Echange*, XIV, p. 77), au lieu
de *Gibbula Philberti*, Récluz, il convient de lire, dans notre *Conchyliologie française* (p. 311) *Gibbula Michaudi*, de Blainville.

Golfe du Lion, depuis la zone littorale jusqu'à 250 mètres; au large de Marseille, la Cassidagne, cap Sicié, entre 7 et 250 mètres.

Genre CREPIDULA, de Lamarck.
Conch. franç., p. 217.

Crepidula unguiformis, DE LAMARCK.
Conch. franç., p. 217, fig. 193.

Golfe de Gascogne *(teste* de Folin, Jeffreys).

Genre CAPULUS, D. de Montfort.
Conch. franç., p. 217.

Capulus Hungaricus, LINNÉ.
Conch. franç., p. 218, fig. 194.

Côtes de Bretagne, depuis la zone littorale jusqu'à 880 mètres; golfe de Gascogne, depuis la zone littorale jusqu'à 160 mètres; golfe du Lion, depuis la zone littorale jusqu'à 250 mètres; au large de Marseille, la Cassidagne, cap Sicié, entre 200 et 250 mètres.

SCISSURELLIDÆ
Conch. franç., p. 219.

Genre SCISSURELLA, d'Orbigny.
Conch. franç., p. 219.

Scissurella costata, D'ORBIGNY.
Conch. franç., p. 220, fig. 196.

Golfe du Lion, depuis la zone herbacée jusqu'au delà de 250 mètres; au large de Marseille et falaise Peyssonnel, entre 60 et 700 mètres.

Scissurella crispata, FLEMING.
Conch. franç., p. 220. — 1898. *Exp. Trav.*, II, p. 69.

Au large des côtes de Bretagne, entre 495 et 915 mètres; golfe de Gascogne, à 2020 mètres; golfe du Lion, depuis la zone herbacée jusqu'au delà de 250 mètres; au large de Marseille et falaise Peyssonnel, entre 60 et 700 mètres.

Scissurella aspera, PHILIPPI.

Sc. aspera, Phil., 1844. *En. Moll. Sicil.*, II, p. 160, pl. 25, fig. 17. — Loc.,
1898. *Exp. Trav.*, II, p. 70.

Voisin du *Sc. crispata,* un peu plus petit, bien conique, spire bien plus
élevée, tours plus étagés, le dernier moins grand, presque aussi convexe
en dessus qu'en dessous; carène sensiblement médiane et non supérieure;
sinus apertural plus accusé. — H. 2 1/2; D. 2 millimètres.

Golfe de Gascogne, entre 165 et 1095 mètres; au large de Marseille, à
555 mètres.

Scissurella umbilicata, JEFFREYS.

Sc. umbilicata, Jeffr., 1883. *In Proc. Zool. Soc. Lond.*, p. 88, pl. 19, fig. 1.
— Loc., 1898. *Exp. Trav.*, II, p. 69.

Très petit, très déprimé; spire peu haute, tours plans en dessus, le
dernier bien arrondi en dessous; ombilic profond, évasé; carène avec
un double cordon. — H. 1 1/2; D. 2 1/4 millimètres.

Golfe de Gascogne, à 390 mètres.

Genre SEGUENZIA, Jeffreys.

Coquille trochiforme, élevée; ouverture canaliculée à la base; labre
sinueux en arrière; test orné de carènes plus ou moins nombreuses.

Seguenzia elegans, JEFFREYS.

S. elegans, Jeffreys, 1885. *In Proc. Zool. Soc. Lond.*, p. 42, pl. V, fig. 1. —
Loc., 1886. *Prodr.*, p. 332.

Turbiné globuleux; spire assez haute, 5 à 6 tours anguleux, carénés,
recto-obliques en haut, puis verticaux, le dernier subarrondi, avec
4 carènes et des stries décurrentes en dessous; ombilic petit; ouverture
irrégulièrement polygonale; sinus profond; stries longitudinales ondulées et très atténuées. — H. 3; D. 3 1/4 millimètres.

Golfe de Gascogne *(teste* Jeffreys).

Seguenzia reticulata, PHILIPPI.

Solarium reticulatum, Phil., 1844. *En. Moll. Sicil.*, II, p. 149, pl. 25, fig. 6.
— *S. reticulata*, Jeffr., 1885. *In Proc. Zool. Soc. Lond.*, p. 43.

Conique déprimé; 6 tours légèrement convexes, faiblement étagés, le
dernier caréné à la base, convexe en dessous; ombilic moyen, très profond; test orné de stries longitudinales et décurrentes formant un réseau
finement réticulé; dernier tour lisse ou presque lisse en dessous. —
H. 3; D. 3 1/2 millimètres.

Au large des côtes de Bretagne, à 880 mètres.

FISSURELLIDÆ

Conch. franç., p. 221.

Genre FISSURELLA, Bruguière.

Conch. franç., p. 221.

Fissurella Tarnieri, VERRILL.

F. Tarnieri, Verr., 1885. *In Trans. Connect. Acad.*, VI, p. 255, pl. 29, fig. 13.
— Loc., 1896. *Camp. Caud.*, p. 168, pl. 5, fig. 9. — 1898. *Exp. Trav.*, II, p. 74.

Ouverture ovalaire-allongée, rétrécie antérieurement ; sommet élevé, logé aux 2/7 du bord antérieur; ligne apico-antérieure un peu concave en haut; ligne apico-postérieure presque droite; côtes rayonnantes nombreuses, peu fortes, alternant avec d'autres plus faibles; cordons concentriques nombreux, rapprochés. — H. 6; D. 13; d. 8 millimètres.

Golfe de Gascogne, à 1410 mètres.

Fissurella reticulata, DONOVAN.

Conch. franç., p. 221.

Golfe de Gascogne, depuis la zone littorale jusqu'à 134 mètres.

Fissurella Græca, LINNÉ.

Conch. franç., p. 221.

Golfe du Lion, depuis la zone littorale jusqu'à 250 mètres ; au large de Marseille, la Cassidagne, cap Sicié, entre 200 et 250 mètres.

Fissurella gibberula, DE LAMARCK.

Conch. franç., p. 222.

Golfe du Lion, depuis la zone littorale jusqu'à 250 mètres ; au large de Marseille, la Cassidagne, entre 200 et 250 mètres.

Genre FISSURISEPTA, Seguenza.

Coquille conique, haute; sommet aigu, perforé; septum interne logé au voisinage du foramen; ouverture entière, subovalaire; test papilleux.

Fissurisepta rostrata, SEGUENZA.

Fissurella rostrata, Seg., *In Ann. accad. aspir. nat.*, p. 10, pl. 4, fig. 13. —
F. rostrata, Loc., 1898. *Exp. Trav.*, II, p. 77.

Tronconique assez élevé; ouverture ovalaire; ligne apico-antérieure faiblement concave, la postérieure droite; sommet logé aux 2/3 du bord antérieur; septum très grand, orné de stries transverses; test hyalin, couvert de petites granulations très serrées. — H. 5; D. 6; d. 4 millimètres.

Golfe de Gascogne, à 1970 mètres.

Genre PUNCTURELLA, Lowe.

Coquille conique, à sommet élevé et un peu incurvé en arrière; fissure très courte, logée près du sommet et en avant; septum interne en arrière du foramen; test décussé.

Puncturella Asturiana, P. Fischer.

Rimula Asturiana, P. Fischer, 1882. *In Journ. conch.*, XXX, p. 51. — *P. Asturiana*, Wats., 1884. *In Journ. Lin. soc.*, XVIII, p. 39. — Loc., 1898. *Exp. Trav.*, II, p. 77.

Grand, conique, assez élevé, arrondi antérieurement, subtronqué postérieurement; sommet bien incurvé; foramen oblong, étroit en dehors, infundibuliforme en dessous; ouverture subovalaire; test blanchâtre, translucide, orné de nombreuses côtes alternativement grosses et faibles, recoupées par des cordons décurrents subanguleux. — H. 12; D. 17; d. 15 millimètres.

Golfe de Gascogne, entre 1110 et 2020 mètres.

Puncturella Noachina, Linné.

Patella Noachina, Lin., 1767. *Mantis.*, p. 551. — *P. Noachina*, Lowe, 1827. *In Zool. Journ.*, III, p. 178. — Loc., 1898. *Exp. Trav.*, II, p. 80.

Conique, un peu élevé; ouverture subrectangulaire, à peine un peu rétrécie dans la région postérieure; sommet petit, incurvé; profil antérieur et postérieur presque droit, arqué seulement vers le sommet; fente étroite et très petite; test orné de costulations arrondies, rapprochées, subégales, recoupées par de fins cordons concentriques. — H. 5 ; D. 10; d. 7 millimètres.

Au large des côtes de Bretagne, entre 585 et 875 mètres; golfe de Gascogne, à 2020 mètres.

Puncturella profondi, Jeffreys.

P. profundi, Jeffr., 1882. *In Proc. Zool. Soc. Lond.*, p. 675, pl. 4, fig. 10. — Loc., 1898. *Exp. Trav.*, II, p. 80.

Petit, peu élevé; ouverture presque régulièrement ovalaire, un peu large; fente large, en amande ; test orné de cordons granuleux, petits, serrés, étroits, bien arrondis et très réguliers, recoupés par des cordons concentriques de même valeur. — H. 3 ; D. 4; d. 3 millimètres.

Golfe de Gascogne, à 2020 mètres.

Genre EMARGINULA, de Lamarck.

Conch. franç., p. 222.

A. — Groupe de l'*E. Sicula*.

Galbe conique élevé; sommet submarginal.

Emarginula Sicula, GRAY.

Conch. franç., p. 222, fig. 199. — 1898. *Exp. Trav.*, II, p. 83.

Golfe du Lion, depuis la zone herbacée jusqu'au delà de 250 mètres; au large de Marseille, la Cassidagne, cap Sicié, entre 58 et 400 mètres.

Emarginula crassa, J. SOWERBY.

E. crassa, Sow.. 1840. *Min. conch.*, p. 73, pl. 33. — Loc., 1896. *Camp. Caud.*, p. 168.

Taille plus forte, galbe moins ovalaire et surtout plus élevé; sommet plus saillant, moins excentré ; lignes apico basales plus droites ; test orné de costulations fortes, assez régulières, alternant avec 2 ou 3 autres beaucoup plus petites; cordons concentriques très fins. — H. 15 à 17 ; D. 30; à 32 ; d. 25 à 28 millimètres.

Golfe de Gascogne, entre 400 et 500 mètres.

Emarginula fissurata, LINNÉ.

Conch. franç., p. 223. — 1898. *Exp. Trav.*, II, p. 85.

Golfe de Gascogne, depuis la zone herbacée jusqu'à 240 mètres ; au large de Marseille, falaise Peyssonnel, la Cassidagne, 555 et 2020 mètres.

Emarginula papillosa, RISSO.

Conch. franç., p. 223. — 1898. *Exp. Trav.*, II, p. 81.

Golfe de Gascogne, depuis la région corallienne jusqu'à 203 mètres; au large de Marseille, depuis la même zone jusqu'à 400 mètres.

Emarginula elongata, O.-G. Costa.

Conch. franç., p. 223.

Golfe du Lion, depuis la zone littorale jusqu'à 250 mètres.

Emarginula multistriata, Jeffreys.

E. multistriata, Jeffr., 1882. *In Ann. mag. nat. Hist.*, p. 30. — Loc., 1898. *Exp. Trav.*, II, p. 87.

Ouverture largement ovalaire ; sommet logé au même niveau que le contour apertural ; test orné de costulations un peu espacées portant de petits mamelons arrondis, et de cordons concentriques assez forts, très rapprochés, logés entre les côtes. — D. 12; d. 9 millimètres.

Golfe de Gascogne, à 2020 mètres.

B. — Groupe de l'*E. rosea*.

Coquille petite, sommet en dehors du niveau du contour apertural, et bien arqué.

Emarginula rosea, Bell.

Conch. franç., p. 224, fig. 200. — 1896. *Camp. Caud.*, p. 169.

Golfe de Gascogne, depuis la zone herbacée jusqu'à 180 mètres ; au large de Marseille, falaise Peyssonnel, entre 500 et 700 mètres.

Emarginula capuliformis, Philippi.

Conch. franç., p. 224.

Golfe du Lion, depuis la zone herbacée jusqu'au delà de 250 mètres.

Genre PROPILIDIUM, Forbes et Hanley.

Coquille petite, conoïde déprimée ; sommet subcentral, légèrement incurvé ; ouverture entière ; face interne avec un petit septum triangulaire logé au niveau du sommet.

Propilidium ancyloides, Forbes.

Patella ancyloides, Forbes, 1840. *In Ann. Mag. nat. Hist.*, V, p. 180, pl. 11, fig. 16. — *P. ancyloides*, Forb., Hanl., 1853. *Brit. Moll.*, p. 443, pl. 62, fig. 3-5. — Loc., 1898. *Exp. Trav.*, II, p. 95.

Conique, bien élevé, ouverture elliptique, notablement rétrécie en arrière, bien arrondie en avant ; sommet petit, fortement recourbé, antérieur ; test mince, orné de stries concentriques très fines, très serrées et de quelques stries rayonnantes — H. 3 ; D. 4 ; d. 3 millimètres.

Au large de Marseille, à 600 mètres.

Propilidium Aquitanense, Locard.

P. *Aquitanense*, Loc., 1882 *Prodr.*, p. 346 et 534.

Conique, assez élevé ; ouverture elliptique, à peine un peu rétrécie en arrière, bien arrondie en avant ; sommet très légèrement recourbé, presque central ; test mince, assez solide, orné de stries concentriques très obsolètes. — H. 1 3/4 ; D 2 ; d. 1 3/4 millimètre.

Golfe de Gascogne, fosse du cap Breton, au delà de la zone corallienne.

PATELLIDÆ

Conch. franç., p. 225.

Genre TECTURA, Audouin et Milne-Edwards.

Conch. franç., p. 230.

Tectura fulva, Müller.

Conch. franç., p. 231.

Golfe de Gascogne *(teste* Jeffreys),

Genre COCCULINA, Dall.

Coquille conique, symétrique, non nacrée intérieurement ; sommet excentré, terminé par un nucléus spiral caduc ; impression musculaire en fer à cheval, ouverte en avant ; labre simple, entier.

Cocculina latero-compressa, de Monterosato.

C. *latero-compressa*, de Monterosato, 1890. *In Natural. Sicil.* (tir. à part, p. 3).

Très petit, conique-élevé, fortement comprimé sur les côtés ; sommet petit, arqué ; ouverture étroitement ovalaire, à bords saillants latéralement, un peu rentrants aux deux extrémités ; test lisse et brillant. — H. 1 1/2 ; D. 3 ; d. 1 millimètre.

Au large de Saint-Raphaël (Var), zone corallienne et au delà.

CHITONIDÆ

Conch. franç., p. 231.

Genre CHITON, Linné.

Conch. franç., p. 232.

B. — Groupe du *C. marginatus.*

Aires peu distinctes; carène médiane émoussée.

Chiton cinereus, Linné.

Conch. franç., p. 232.

Golfe de Gascogne, depuis la zone littorale jusqu'à 240 mètres.

Chiton alveolus, M. Sars.

C. alveolus, Sars, *in* Lovén., 1846. *Ind. Moll. Scand.,* p. 87. — Loc., 1898. *Exp. Trav.,* I, p. 100.

Un peu étroitement allongé, assez convexe; aires non distinctes; test grisâtre plus ou moins foncé, orné de petites saillies papilleuses très fines, très rapprochées, irrégulièrement réparties. — H. 4; D. 16; d. 7 millimètres.

Golfe de Gascogne, entre 1020 et 2020 mètres.

Chiton rarinotus, Jeffreys.

Ch. rarinotus, Jeffr., 1892. *In Proc. Zool. Soc. Lond.,* p. 668, pl. 58, fig. 1.

Très petit, largement ovalaire, près d'une fois et demie plus haut que large, peu renflé; aires non distinctes; test grisâtre, orné de petites saillies arrondies, espacées, irrégulièrement réparties. — H. 1; D. 3; d. 1 1/2 millimètre.

Au large des côtes de Bretagne, à 115 mètres.

SCAPHOPODA

DENTALIIDÆ

Conch. franç., p. 238.

Genre DENTALIUM, Linné.

Conch. franç., p. 238.

A. — Groupe du *D. dentale.*

Test orné de costulations fortes.

Dentalium novemcostatum, DE LAMARCK.

Conch. franç., p. 239. — 1898. Exp. Trav., II, p. 116.

Golfe de Gascogne, depuis la zone littorale jusqu'à 300 mètres ; fosse du cap Breton, entre 40 et 145 mètres.

Dentalium Panormitanum, CHENU.

Conch. franç., p. 239. — 1898. Exp. Trav., II, p. 122.

Golfe de Gascogne *(teste* Jeffreys) ; au large de Marseille, la Cassidagne, entre 100 et 250 mètres.

B. — Groupe du *D. vulgare.*

Test finement costulé.

Dentalium entale, LINNÉ.

Conch. franç., p. 239. — 1898. Exp. Trav., II, p. 114.

Golfe de Gascogne, depuis la zone littorale jusqu'à 155 mètres.

Dentalium ergasticum, P. FISCHER.

D. ergasticum, P. Fischer, 1883. *In Journ. conch.,* XXX, p. 275. — Loc., 1898. *Exp. Trav.,* II, p. 105, pl. VI, fig. 9-14.

Grande taille, étroitement conoïde, droit et cylindrique dans le bas, acuminé et légèrement arqué dans le haut; test un peu mince, orné de 40 costulations longitudinales étroites, saillantes, aplaties, subégales tendant à devenir obsolètes à la base ; fissure apicale linéaire, longue. — H. 90; D. 10 millimètres.

Golfe de Gascogne, entre 400 et 1700 mètres.

Dentalium capillosum, JEFFREYS.

D. capillosum, Jeffr., 1882. *In Proc. Zool. Soc. Lond.*, p. 658, pl. 49, fig. 1. — Loc., 1898. *Exp. Trav.*, p. 106.

Voisin du *D. ergasticum*, un peu moins arqué dans le haut ; costulations longitudinales n'atteignant pas la base ; fente apicale courte. — H 80; D. 9 millimètres.

Golfe de Gascogne, entre 1190 et 2650 mètres.

Dentalium striolatum, STIMPSON.

Entalis striolata, Stimps., 1853. *In Proc. Boston Soc. nat. Hist.*, IV, p. 115. — *D. striolatum*. Jeffr., 1876. *In Proc. Roy. Soc.*, XXV, p. 145. — Loc., 1898. *Exp. Trav.*, II, p. 119.

Conoïde un peu court, arqué dans tout son ensemble, progressivement conique ; test un peu mince, orné de costulations longitudinales fines, rapprochées, atténuées à la base; fente apicale assez haute; tubulure apicale supplémentaire très courte. — H. 40 à 50 ; D. 5 à 6 millimètres.

Golfe de Gascogne, de 180 à 1960 mètres ; au large de Marseille, cap Sicié, entre 305 et 555 mètres.

C. — Groupe du *D. Caudani*.

Test lisse, ou presque complètement lisse.

Dentalium Caudani, LOCARD.

D. Caudani, Loc., 1896. *Camp. Caud.*, p. 171, pl. 6, fig. 2. — 1898. *Exp. Trav.*, II, p. 104, pl. 6, fig. 1-8.

Très grand, étroitement conoïde, très allongé, progressivement atténué, faiblement arqué à partir d'un peu plus de la 1/2 hauteur; fissure apicale étroite et peu haute ; test lisse et brillant, assez épais. — H. 105 ; D. 9 millimètres.

Golfe de Gascogne, à 1300 mètres.

Dentalium agile, M. SARS.

D. agile, Sars, 1853. *Rem. forms Norv.*, p. 31, pl. 3, fig 4-15. — Loc., 1898. *Exp. Trav.*, II, p. 117.

Taille moyenne, étroitement allongé-conoïde, peu arqué ; fente apicale peu profonde ; test lisse, un peu mince, blanc, rarement avec quelques stries obsolètes au sommet. — H. 50 à 55 ; D. 3 à 4 millimètres.

Au large des côtes de Bretagne, entre 495 à 1125 mètres ; golfe de Gascogne, entre 1220 et 4790 mètres ; golfe du Lion, au delà de 250 mètres ; au large de Marseille et falaise Peyssonnel, entre 555 et 2020 mètres ; au large de Nice, entre 200 et 300 mètres.

Dentalium filúm, G.-B. SOWERBY.

D. filum, Sow., 1866. *Ill. conch.*, p. 99, fig. 45. — Loc., 1898. *Exp. Trav.*, II, p. 126.

Très petit, très grêle et très délié, filiforme, étroitement conoïde, à peine arqué ; test mince, hyalin, tran lucide, lisse et brillant. — H. 10 à 12 ; D. 1/2 à 3/4 millimètre.

Golfe de Gascogne, à 2020 mètres ; fosse du cap Breton, à 425 mètres ; au large de Marseille, et falaise Peyssonnel, entre 555 et 1845 mètres.

Genre SIPHONODENTALIUM, M. Sars.

Conch. franç., p. 240.

Siphonodentalium quinquangulare, FORBES.

Conch. franç., p. 240, fig. 217. — 1898. *Exp. Trav.*, II, p. 130.

Au large des côtes de Bretagne, entre 495 et 3405 mètres ; golfe de Gascogne, depuis la zone corallienne jusqu'à 1190 mètres ; golfe du Lion, au delà de 250 mètres ; au large de Marseille, falaise Peyssonnel, entre 500 et 700 mètres.

Siphonodentalium Lofotense, M. SARS.

Conch. franç., p. 240. — 1898. *Exp. Trav.*, II, p. 128.

Au large des côtes de Bretagne, à 875 mètres ; golfe de Gascogne, zone corallienne jusqu'à 1960 mètres ; fosse du cap Breton, à 145 mètres.

Siphonodentalium affine, M. SARS.

S. affine, Sars, 1864. *Christ. Vid. Silsk. Forh.*, p. 299, pl. 6, fig. 34-35.

Très petit, conoïde-court et trapu, faiblement arqué, lentement atténué dans le haut ; test lisse, brillant, complètement pellucide. — H. 4 1/2 ; D. 3 millimètres.

Au large des côtes de Bretagne, à 1125 mètres.

Genre DISCHIDES, Jeffreys.

Conch. franç., p. 240.

Dischides bifissus, S. Wood.

Conch. franç., p. 240, fig. 218.

Golfe du Lion, depuis la zone herbacée jusqu'à 250 mètres ; au large de Marseille, la Cassidagne entre 500 et 700 mètres.

Genre CADULUS, Philippi.

Conch. franç., p. 241.

A. — Groupe du *C. Olivii*.

Taille relativement forte, maximum de convexité très inférieur.

Cadulus Olivii, Scacchi.

Dentalium Olivii, Scac., 1835. *Not. foss. Gravina*, p. 56, pl. 2, fig. 6. — *C. Olivii*, Jeffr., 1882. *In Proc. Zool. Soc. Lond.*, p. 667. — Loc., 1898. *Exp. Trav.*, II, p. 133, pl. 7, fig. 8-15.

Subovoïde très allongé ; étranglé dans le bas, progressivement et lentement atténué dans le haut, faiblement arqué ; gibbosité médiocre, suprabasale ; test solide, un peu épaissi. — H. 8 à 10 ; D. 1 3/4 à 2 millimètres.

Au large des côtes de Bretagne, à 875 mètres ; golfe de Gascogne, entre 1080 et 2650 mètres ; fosse du cap Breton, à 435 mètres.

B. — Groupe du *C. cylindratus*.

Taille petite ; galbe plus ou moins cylindroïde, peu arqué.

Cadulus cylindratus, Jeffreys.

C. cylindratus, Jeffr., 1882. *In Proc. Zool. Soc. Lond.*, p. 664, pl. 49, fig. 6. — Loc., 1888. *Exp. Trav.*, II, p. 135.

Presque cylindrique, très peu arqué ; renflement du bord externe, sensiblement médian, allongé, à peine accusé ; bord interne presque droit ; régions supérieure et inférieure subégales, à bords presque parallèles. — H. 5 à 7 ; D. 1 1/2 à 1 3/4 millimètre.

Golfe de Gascogne, entre 675 et 820 mètres.

Cadulus strangulatus, Locard.

C. strangulatus, Loc., 1898. *Exp. Trav.*, II, p. 136, pl. 7, fig. 30-33.

Moins régulièrement cylindroïde, un peu plus renflé dans le milieu ; régions supérieure et inférieure plus inégales, moins parallèles ; bord externe plus gibbeux. — H. 4 1/2 ; D. 3 millimètres.

Golfe de Gascogne, entre 675 et 2020 mètres ; au large de Marseille, à 555 mètres.

Cadulus gracilis, Jeffreys.

C. gracilis, Jeffr., 1882. *In Proc. Zool. Soc. Lond.*, p. 664, pl. 49, fig. 7. — Loc., 1898. *Exp. Trav.*, II, p. 137.

Tronconoïde arqué, court et trapu ; région supérieure notablement plus étranglée que l'inférieure, celle-ci presque droite ; gibbosité allongée, peu prononcée ; bord interne concave. — H. 4 ; D. 1 millimètre.

Golfe de Gascogne *(teste* Jeffreys).

Cadulus subfusiformis, M. Sars.

Conch. franç., p. 241, fig. 219. — 1898. *Exp. Trav.*, II, p. 138.

Petit, étroit et grêle ; gibbosité médiane, allongée ; régions supérieure et inférieure subégales ; bord interne un peu concave ; bord externe largement convexe. — H. 3 à 5 ; D. 1/2 à 1 millimètre.

Au large des côtes de Bretagne, à 495 mètres ; golfe de Gascogne, entre 675 et 815 mètres.

Cadulus propinquus, G. O. Sars.

C. propinquus, Sars, 1878. *Moll. Norv.*, p. 106, pl. 20, fig. 15. — Loc., 1898. *Exp. Trav.*, II, p. 139.

Gros et ventru ; régions supérieure et inférieure très inégales ; bord interne droit, subsinué ; bord externe largement convexe. — H. 3 1/4 ; D. 1 millimètre.

Golfe de Gascogne, entre 680 et 1190 mètres ; au large de Marseille, à 555 mètres.

Cadulus Jeffreysi, de Monterosato

Helonyx Jeffreysi, Mtr., 1875. *Note Méditer.*, p. 10. — *C. Jeffreysi*, Jeffr., 1882. *In Proc. Zool. Soc. Lond.*, p. 665. — Loc., 1898. *Exp. Trav.*, II, p. 140.

Voisin du *C. subfusiformis ;* moins grêle, moins cylindroïde, plus arqué dans la région supérieure, avec le même renflement ; ouverture supérieure oblique et entaillée de chaque côté. — H. 4 ; D. 1 millimètre.

Golfe de Gascogne, à 165 mètres ; la Cassidagne près Marseille, au delà de la zone corallienne.

Cadulus Monterosatoi, LOCARD.

C. *Monterosatoi*, Loc., 1898. *Exp. Trav.*, II, p. 141, pl. 7, fig. 16-21.

Gros et bien ventru ; région supérieure notablement plus grêle que l'inférieure ; gibbosité médiane courte ; bord interne droit ; bord externe un peu étroitement arqué. — H. 6 ; D. 2 millimètres.

Golfe de Gascogne, à 2020 mètres.

C. — Groupe du *C. tumidosus*.

Très petit ; galbe ovoïde-ventru.

Cadulus tumidosus, JEFFREYS.

C. *tumidosus*, Jeffr., 1882. *In Proc. Zool. Soc. Lond.*, p. 665, pl. 49, fig. 8. — — Loc., 1898. *Exp. Trav.*, II, p. 147.

Ovoïde, très renflé-gibbeux dans la région médiane, peu arqué dans l'ensemble ; régions supérieure et inférieure subégales, comme étranglées ; bords interne et externe bien ondulés en sens inverses. — H. 5 à 6 ; D. 2 1/2 à 3 millimètres.

Golfe de Gascogne, entre 895 et 2650 mètres ; au large de Marseille, falaise Peysonnel, la Cassidagne, entre 500 et 2000 mètres.

Cadulus artatus, JEFFREYS.

C. *artatus*, Jeffr., *in* Loc., 1898. *Exp. Trav.*, II, p. 144, pl. 7, fig. 22-25.

Plus allongé et plus arqué ; gibbosité moins forte, répartie sur une plus grande longueur ; régions supérieure et inférieure plus grêles ; bord interne faiblement sinué. — H. 4 ; D. 3/4 millimètre.

Golfe de Gascogne, à 1020 mètres.

Cadulus gibbus, JEFFREYS.

C. *gibbus*, Jeffr., 1882. *In Proc. Zool. Soc. Lond.*, p. 666, pl. 49, fig. 10. — Loc., 1898. *Exp. Trav.*, II, p. 145, pl. 7, fig. 34-37.

Très court et très ventru ; gibbosité très saillante ; régions supérieure et inférieure peu hautes, inégales en diamètre ; bord interne un peu ondulé ; bord externe étroitement arqué. — H. 3 ; D. 2 1/2 millimètres.

.Golfe de Gascogne *(teste* Jeffreys).

Cadulus ovulus, Philippi.

Dentalium ovulum, Phil., 1844. *En. Moll. Sicil.,* II. p. 208, pl. 27, fig. 21.
— *C. ovulus,* Mtr., 1877. *Cat. Montepellegr.,* p. 27. — Loc.. 1898. *Exp. Trav.,* II, p. 146.

Ovaloïde court et très ventru ; gibbosité très saillante et allongée ; régions supérieure et inférieure très courtes, inégales en diamètre ; bord interne bien ondulé ; bord externe bien arrondi. — H. 3 ; D. 2 3/4 millimètres.

Golfe de Gascogne *(teste* P. Fischer et Jeffreys).

LAMELLIBRANCHIATA

SIPHONATA

SINUPALLEALES

PHOLADIDÆ
Conch. franç., p. 242.

Genre XYLOPHAGA, Turton.
Conch. franç., p. 245.

Xylophaga dorsalis, Turton.
Conch. franç., p. 245. fig. 223. — 1898. *Exp. Trav.*, II. p. 147.

Golfe de Gascogne, à 2020 mètres; golfe du Lion, au delà de 250 mètres; au large de Marseille, falaise Peysonnel, la Cassidagne entre 500 et 2000 mètres; au large de Villefranche, à 2600 mètres.

Genre PHOLADIDEA, Leach.
Conch. franç., p. 247.

Pholadidea papyracea, Turton.
Conch. franç., p. 247, fig. 224. — 1898. *Exp. Trav.*, II, p. 148.

Golfe de Gascogne, fosse du cap Breton, entre 80 et 120 mètres.

GATROCHÆNIDÆ
Conch. franç., p. 247.

Genre GASTROCHÆNA, Spengler.
Conch. franç., p. 247.

Gastrochæna dubia, Pennant.
Conch. franç., p. 247, fig. 225. — 1898. *Exp. Trav.*, II, p. 149, pl. 7, fig. 38-41.

Golfe de Gascogne, fosse du cap Breton, entre 115 et 130 mètres.

SOLENIDÆ
Conch. franç., p. 248.

Genre SOLENOCURTUS, de Blainville.
Conch. franç., p. 250.

Solenocurtus antiquatus, Pultney.
Conch. franç., p. 251. — 1898. *Exp. Trav.*, II, p. 153.

Golfe de Gascogne, depuis la zone littorale jusqu'à 145 mètres.

SAXICAVIDÆ
Conch. franç., p. 251.

Genre SAXICAVA, Fleuriau de Bellevue.
Conch. franç., p. 251.

Saxicava arctica, Linné.
Conch. franç., p. 251. — 1898. *Exp. Trav.*, II, p. 154, pl. 12, fig. 8-14.

Golfe de Gascogne, depuis la zone herbacée jusqu'à 250 mètres ; fosse du cap Breton, entre 65 et 145 mètres ; au large de Marseille, Riou, la Cassidagne, depuis la zone littorale jusqu'à 200 mètres.

Saxicava minuta, Linné.
Conch. franç., p. 251. — 1898. *Exp. Trav.*, II, p. 157, pl. 12, fig. 1-7.

Golfe de Gascogne, depuis la zone herbacée jusqu'à 1150 mètres.

Saxicava rugosa, Linné.
Conch. franç., p. 252. — 1898. *Exp. Trav.*, II. p. 157.

Au large des côtes de Bretagne, entre 875 et 1125 mètres ; golfe de Gascogne, depuis la zone littorale jusqu'à 135 mètres ; fosse du cap Breton, entre 25 et 145 mètres ; golfe du Lion, depuis la zone littorale jusqu'à 250 mètres ; au large de Marseille, Riou, entre 10 et 200 mètres.

Saxicava plicata, Montagu.
Conch. franç., p. 252.

Golfe de Gascogne, fosse du cap Breton, entre 65 et 145 mètres.

MYADÆ

Conch. franç., p. 255.

Genre PANOPÆA, Ménard de la Groye.

Conch. franç., p. 256.

Panopæa glycimeris, BORN.

Mya glycimeris, Born, 1789. *Mus. Vind.*, pl. 1, fig. 8. — *P. glycimeris*, Turt., 1822. *Dith. Brit.*, p 42. — Loc., 1882. *Prodr.*, p. 384 (1).

Subrectangulaire allongé ; région antérieure un peu étroitement arrondie, retroussée ; région postérieure beaucoup plus développée, sub-arrondie à son extrémité ; sommets très antérieurs ; bord inférieur sub-sinué ; test fauve clair, orné de stries concentriques en forme de rides grossières et irrégulières. — L. 70 ; H. 40 ; E. 31 millimètres.

Golfe du Lion, jusqu'à 250 mètres.

CORBULIDÆ

Conch. franç., p. 257.

Genre CORBULA, Bruguière.

Conch. franç., p. 257.

Corbula gibba, OLIVI.

Conch franç., p. 257. — 1898. *Exp. Trav.*, II, p. 161.

Golfe de Gascogne, depuis la zone littorale jusqu'à 180 mètres ; golfe du Lion, depuis la même zone jusqu'à 250 mètres ; au large de Marseille, depuis la zone littorale jusqu'à 200 mètres.

Corbula rosea, BROWN.

Conch. franç., p. 257. — 1898. *Exp. Trav.*, II, p. 163.

Golfe de Gascogne, depuis la zone littorale jusqu'à 180 mètres.

(1) D'après M. le marquis de Monterosato (1889. *In Journ. Conch.*, XXXVII, p. 26, en note), il conviendrait de laisser à la forme océanique, figurée par les anciens auteurs, le nom de *glymeris*, et de donner à la forme sicilienne le nom de *cyclopana*.

Genre SPHENIA, Turton.

Conch. franç., p. 258.

Sphenia Binghami, Turton.

Conch. franç., p. 258.

Golfe de Gascogne, fosse du cap Breton, entre 115 et 130 mètres.

PHOLADOMYIDÆ

Coquille équivalve, inéquilatérale, renflée; test mince, nacré à l'intérieur, orné de côtes rayonnantes; charnière sans dents; ligament externe; ligne palléale sinueuse.

Genre PHOLADOMYA, G.-B. Sowerby.

Coquille cordiforme, ventrue, bâillante en arrière; sommets saillants, prosogyres; test mince, translucide.

Pholadomya Loveni, Jeffreys.

Ph. Loveni, Jeffr., 1881. *In Proc. Zool. Soc. Lond.*, p. 934, pl. 70, fig. 7. —
Loc., 1898. *Exp. Trav.*, II. p. 164.

Petit, largement subtrigone, un peu haut; région antérieure étroite mais haute, la postérieure plus allongée et légèrement troncatulée; test orné de costulations longitudinales, et de petits points arrondis et espacés logés entre les côtes. — L. 12; H. 10; E. 8 millimètres.

Golfe du Lion, au delà de 250 mètres; au large de Marseille, falaise Peyssonnel, à 2000 mètres.

Pholadomya sp.?

Ph. sp.?, Loc., 1898. *Exp. Trav.*, II, p. 165.

Taille bien plus grande, région des sommets plus dégagée; région antérieure bien moins haute, avec le profil apico-antérieur plus oblique et le bord latéral moins tronqué; costulations bien plus fortes. — H. 20 à 25 millimètres.

Au large de Marseille, à 555 mètres.

CUSPIDARIIDÆ

Coquille faiblement inéquivalve, rostrée, non nacrée ; un petit cuilleron du cartilage et un osselet calcaire sur chaque valve ; dents cardinales petites ; ligne paléale légèrement sinueuse.

Genre CUSPIDARIA, Nardo.

Conch. franç., p. 259.

A. — Groupe du *C. rostrata*.

Coquille à test lisse ; rostre allongé.

Cuspidaria rostrata, Spengler.

Conch. franç., p. 259. — 1898. *Exp. Trav.*, 11, p. 169.

Subovalaire, un peu court mais terminé par un rostre étroit, extrême-ment allongé ; sommets logés au premier tiers de la largeur totale, sail-lants et renflés ; arête apico-rostrale bien accusée. — L. 15 à 20 ; H. 7 à 8 ; E. 6 à 7 millimètres.

Au large des côtes de Bretagne, entre 585 et 880 mètres ; golfe de Gascogne, entre 150 et 1200 mètres ; golfe du Lion, depuis la zone coral-lienne jusqu'à 250 et au delà ; au large de Marseille, Riou, la Cassidagne, entre 95 et 700 mètres ; cap Sicié, à 445 mètres.

Cuspidaria obesa, Lovén.

Neæra obesa, Lov., 1846. *Ind. Moll. Scand.*, p. 48. — *C. obesa*, Dtz., 1889. *Contr. Açores*, p. 97. — Loc., 1898. *Exp. Trav.*, II, p. 172.

Court et gibbeux ; rostre court et haut ; sommets exactement médians ; bord inférieur étroitement arqué ; arête apico-rostrale obtuse. — L. 14 ; H. 9 ; E. 7 millimètres.

Au large des côtes de Bretagne, entre 915 et 3970 mètres ; golfe de Gascogne à 130 mètres.

Cuspidaria cuspidata, Olivi.

Conch. franç., p. 259. — 1898. *Exp. Trav.*, 11, p. 173.

Voisin du *C. rostrata*, plus petit, rostre moins allongé et plus haut ; bord antérieur plus tombant ; bord inférieur plus étroitement arrondi, plus retroussé sous la naissance du rostre; arète apico-rostrale très obtuse. — L. 12 à 16; H. 7 à 9; E. 5 à 6 millimètres.

Golfe de Gascogne, depuis la zone corallienne jusqu'à 1630 mètres; au large de Marseille, entre 35 et 700 mètres.

Cuspidaria brevirostris, BROWN.

Anatina brevirostris, Brown, 1827. *In Edinb. nat. sc.*, I, p. 11, pl. 1, fig. 1. — *C. brevirostris.* Loc., 1898. *Exp. Trav.*, II, p. 174.

Voisin du *C. cuspidata*, étroitement subtrigone; rostre court, bien élargi à l'origine, étroit à l'extrémité; sommets presque médians; bord antérieur très tombant; bord inférieur très étroitement arrondi; arète apico-rostrale très obtuse. — L. 18 à 22; H. 15 à 16; E. 12 à 13 millimètres.

Golfe de Gascogne, entre 650 et 960 mètres.

Cuspidaria sulcifera, JEFFREYS.

Neæra sulcifera, Jeffr., 1881. *In Proc. Zool. Soc. Lond.*, p. 937, pl. 70, fig. 10. — *C. sulcifera*, Loc., 1898. *Exp. Trav.*, II, p. 176.

Petit, subtrigone court, à bords symétriques (abstraction faite du rostre); sommets logés au tiers de la largeur totale; rostre un peu long, très haut à l'origine, étroit à l'extrémité; arète apico-rostrale accusée. — L. 10; H. 6; E. 5 millimètres.

Au large des côtes de Bretagne, à 875 mètres; golfe de Gascogne, entre 1000 et 1200 mètres.

Cuspidaria filocarinata, ED. SMITH.

Neæra filocarinata, Smith, 1885. *Voy. Challeng.*, XIII, p. 44, pl. 10, fig. 44. — — *C. filocarinata*, Loc., 1898. *Exp. Trav.*, II, p. 177.

Voisin du *C. brevirostris*, bien plus petit, moins haut; rostre plus court, plus haut à la naissance et à l'extrémité; même profil antérieur; arète apico-rostrale très accusée. — L. 11 à 12; H. 7; E. 6. millimètres.

Golfe de Gascogne, à 1350 mètres.

B. — Groupe du *C. truncata*.

Test lisse; rostre très court.

Cuspidaria truncata, JEFFREYS.

Neæra truncata, Jeffr., 1881. *In Proc. Zool. Soc. Lond.*, p. 936, pl. 70, fig. 9. — *C. truncata*, Loc., 1898. *Exp. Trav.*, II, p. 179, pl. 9, fig. 16-19.

Subrectangulaire-transverse, renflé, un peu plus large que haut, rostre haut, très court; sommets un peu antérieurs; région antérieure hautement arrondie; bord inférieur droit; arête apico-rostrale très accusée. — — L. 9 à 10; H. 7 à 8; E. 7 millimètres.

Golfe de Gascogne, à 1350 mètres.

Cuspidaria bicarinata, JEFFREYS.

Neæra bicarinata, Jeffr., 1881 *In Proc. Zool. Soc. Lond.*, p. 939, pl. 71, fig. 1.
— *C. bicarinata*, Loc., 1898. *Exp. Trav.*, II, p. 180.

Subovalaire transverse, plus déprimé; sommets plus antérieurs et moins renflés; rostre un peu plus allongé, étroit; bord inférieur moins droit; arête apico-rostrale bien accusée. — L. 9; H. 6; E. 5 millimètres.

Golfe de Gascogne, à 1350 mètres.

Cuspidaria nitens, LOCARD.

C. nitens, Loc., 1898. *Exp. Trav.*, II, p. 181, pl. 9, fig. 12-17.

Subtrigone un peu transverse; région antérieure recto-déclive puis arrondie en bas; bord inférieur bien arqué; sommets médians; rostre très court; arête apico-rostrale assez accusée. — L. 9; H 6; E. 4 millimètres.

Golfe de Gascogne, à 2020 mètres.

Cuspidaria ruginosa, JEFFREYS.

Neæra ruginosa, Jeffr., 1881. *In Proc. Zool. Soc. Lond.*, p. 942, pl. 71, fig. 7.
— *C. ruginosa*, Dtz., 1889. *Contr. Açores*, p. 58. — Loc., 1898. *Exp. Trav.*, II, p. 182.

Subcirculaire; région antérieure haute et bien arrondie; rostre très haut et très court, hautement tronqué; bord inférieur étroitement arqué; arête apico-rostrale sensible. — L. 4; H. 3; E. 2 1/2 millimètres.

Golfe de Gascogne, à 2020 mètres.

Cuspidaria depressa, JEFFREYS.

Neæra depressa, Jeffr., 1881. *In Proc. Zool. Soc. Lond.*, p. 940, pl. 71, fig. 3.
— *C. depressa*, Loc., 1898. *Exp. Trav.*, II, p. 183.

Subtrigone-oblique; région antérieure tombante, arrondie dans le bas; rostre très haut, court, un peu comprimé à l'extrémité; bord inférieur très retroussé obliquement, presque en continuité avec le rostre; arête apico-rostrale un peu émoussée. — L. 7; H. 5; E. 4 millimètres.

Golfe de Gascogne, entre 595 et 2020 mètres; au large de Marseille, entre 165 et 490 mètres.

C. — Groupe du *C. circinata*.

Test orné de costulations concentriques.

Cuspidaria circinata, JEFFREYS.

Neæra circinata, Jeffr., 1881. *In Proc. Zool. Soc. Lond.*, p. 942, pl. 71, fig. 6. — *C. circinata*, Dtz., 1889. *Contr. Açores*, p. 87. — Loc., 1898. *Exp. Trav.*, II, p. 185.

Subrhomboïdal transverse; région antérieure haute, arrondie; rostre un peu court et étroit, tronqué droit; sommets un peu antérieurs; bord inférieur très largement arqué; arête apico-rostrale bien accusée; stries concentriques fines, assez régulières, rapprochées, peu marquées. — L. 12 à 15; H. 8 à 10; E. 7 à 8 millimètres.

Golfe de Gascogne, à 560 mètres.

Cuspidaria abbreviata, FORBES.

Conch. franç., p. 259. — 1898. *Exp. Trav.*, II, p. 186.

Subtrigone, un peu plus large que haut; région antérieure étroitement arrondie; bord inférieur régulièrement arqué, en continuité avec le rostre; rostre très haut à sa naissance, court; ligne apico-rostrale peu accusée; stries concentriques confuses, plus accusées aux deux extrémités. — L. 4 à 5; H. 3; E. 2 millimètres.

Au large des côtes de Bretagne, à 875 mètres; golfe de Gascogne, depuis la zone corallienne jusqu'à 1000 mètres.

Cuspidaria imbricata, JEFFREYS.

C. imbricata, Jeffr., *in* Loc., 1898. *Exp. Trav.*, II, p. 187, pl. 9, fig. 5-11.

Ovalaire-transverse, oblique; région antérieure déclive, étroitement arrondie en bas; sommets médians; rostre étroit, court; bord inférieur allongé-oblique, encoché sous le rostre; arête apico-rostrale très marquée; stries concentriques hautes, étroites, saillantes, bien régulières. — L. 15; H. 9; E. 8 millimètres.

Golfe de Gascogne, entre 1100 et 1960 mètres.

Cuspidaria lamellosa, M. SARS.

Neæra lamellosa, Sars, 1858. *Arkt. Moll.*, p. 62. — *C. lamellosa*, Dall, 1889. *In Bull. U. S. Nat. Mus.*, 37, p. 66, pl. 45, fig. 3. — *C. jugosa*, Wood, *in* Loc., 1896. *Camp. Caud.*, p. 178. — *C. lamellosa*, Loc., 1898. *Exp. Trav.*, II, p. 189.

Petit, ovalaire un peu allongé-transverse ; région antérieure arrondie ; sommets antérieurs ; rostre un peu étroitement allongé ; bord inférieur largement arqué ; arête apico-rostrale sensible ; stries concentriques étroite, fortes, bien marquées, rapprochées, accusés surtout vers le rostre. — L. 5 ; H. 3 ; E. 2 1/2 millimètres.

Au large des côtes de Bretagne, entre 875 et 1125 mètres ; golfe de Gascogne, entre 950 et 1020 mètres.

D. — Groupe du *C. striata*.

Test orné de costulations rayonnantes.

Cuspidaria striata, JEFFREYS.

Neæra striata, Jeffr., 1881. *In Proc. Zool. Soc. Lond.*, p. 944, pl. 71, fig. 11. — *C. striata*, Dtz., 1889. *Contr. Açores*, p. 87. — Loc., 1898. *Exp. Trav.*. II, p. 190, pl. 9, fig. 18-23.

Subrhomboïdal transverse, un peu court ; région antérieure haute ; arrondie ; sommets presque médians ; rostre haut et court ; bord inférieur largement arqué ; test entièrement recouvert de stries longitudinales subégales, fines. — L. 13 ; H. 10 ; E. 7 millimètres.
Golfe de Gascogne, entre 1020 et 1350 mètres.

Cuspidaria curta, JEFFREYS.

Neæra curta, Jeffr., 1881. *In Proc. Zool. Soc. Lond.*, p. 943, pl. 71, fig. 10. — *C. curta*, Dtz., 1889. *Contr. Açores*, p. 88. — Loc., 1898. *Exp. Trav.*, I, p. 192, pl. 9, fig. 24-28.

Subrhomboïdal très haut et très court ; région antérieure haute mais étroite ; sommets médians ; rostre haut, très court, un peu retroussé ; bord inférieur assez étroitement arrondi, presque en continuité avec le rostre ; test orné de 8 à 10 grosses costulations logées dans la région postérieure alternant avec d'autres plus fines, et de nombreuses costulations plus grêles dans la région antérieure. — L. 12 ; H. 10 ; E. 7 millimètres.
Golfe de Gascogne, à 1220 mètres.

Cuspidaria costellata, DESHAYES.

Conch. franç., p. 259. — 1898. *Exp. Trav.*, II, p. 193.

Plus petit que le *C. curta*, moins transverse, plus subtrigone ; région antérieure moins haute, plus étroitement arquée ; bord inférieur moins allongé ; costulations plus ou moins obsolètes dans la région antérieure,

au nombre de 2 à 4 dans la région postérieure. — L. 5 à 6 ; H. 3 à 3 1/2 ;
E. 2 à 2 1/2 millimètres.

Au large des côtes de Bretagne, entre 495 et 1125 mètres ; golfe de
Gascogne, depuis la zone corallienne jusqu'à 1090 mètres; golfe du
Lion, depuis la même zone jusqu'au delà de 250 mètres ; au large de
Marseille, Riou, la Cassidagne, entre 500 et 2000 mètres ; cap Sicié, à
445 mètres.

Cuspidaria striolata, LOCARD.

C. striolata, Loc., 1898. *Exp. Trav.*, II, p. 195, pl. 8, fig. 20 25.

Petit, subovalaire transverse, un peu oblique ; région antérieure assez
haute, arrondie ; sommets médians ; rostre très haut à l'origine, un peu
court, légèrement retroussé ; bord inférieur largement arqué-relevé, en
continuité avec le bas du rostre ; test orné de costulations fines et serrées
dans la région antérieure, au nombre de 3 ou 4 plus fortes et bien espacés dans la région postérieure. — L. 8 ; H. 5 ; E. 3 1/2 millimètres.

Golfe de Gascogne, entre 610 et 1340 mètres.

Genre POROMYA, Forbes.

Conch. franç., p. 260.

Poromya granulata, NYST ET WESTENDORF.

Conch. franç., p. 260. — 1898. *Exp. Trav.*, II, p. 196.

Golfe du Lion, depuis la zone corallienne jusqu'à 250 mètres; au large
de Marseille, Riou, à 95 mètres.

Poromya neæroides, SEGUENZA.

P. neæroides, Seg., 1877. In *Bull. geol. Ital.*, p. 270. — Loc., 1898. *Exp.
Trav.*, II, p. 198.

Galbe un peu plus transverse ; région antérieure haute, étroite, bien
arrondie ; la postérieure 2 fois plus grande que l'antérieure, moins haute,
plus troncatulée ; sommets antérieurs un peu grêles, saillants ; bord inférieur largement arqué ; test presque entièrement recouvert de petites
granulations très régulières, fines, serrées, accusées surtout dans la
région postérieure. — L. 11 ; H. 10 ; E. 5 millimètres.

Golfe de Gascogne *(teste Jeffreys)*.

PANDORIDÆ
Conch. franç., p. 260.

Genre PANDORA, Bruguière.
Conch. franç., p. 260.

Pandora inæquivalvis, Linné.

Conch. franç., p. 260, fig. 240.

Golfe de Gascogne, fosse du cap Breton, à 145 mètres ; golfe du Lion.
depuis la zone herbacée jusqu'à 250 mètres ; au large de Marseille, la
Cassidagne, depuis la zone herbacée jusqu'à 700 mètres.

Pandora pinnoides, Montagu.

Conch. franç., p. 261. — 1898. *Exp. Trav.*, II, p. 198, pl. 12, fig. 15-20.

Golfe de Gascogne, depuis la zone herbacée jusqu'à 135 mètres,

VERTICORDIIDÆ

Coquille équivalve, inéquilatérale, cordiforme ; sommets incurvés ;
intérieur nacré ; une dent cardinale à la valve inférieure et un épaississe-
ment correspondant du bord cardinal de la valve supérieure ; ligament
lithoderme, logé dans une rainure subinterne.

Genre VERTICORDIA, S. Wood.

Coquille close, subcirculaire, ornée de côtes rayonnantes plus ou
moins saillantes ; crochets grands, enroulés, prosogyres ; une forte dent
cardinale à la valve inférieure.

Verticordia acuticostata, Philippi.

Hippagus acuticostatus, Phil., 1844. *En. Moll. Sicil.*, II, p. 42, pl. 14, fig. 19.
— *V. acuticostata*, Seg., 1860. *In Journ. conch.*, VIII, p. 219, pl. 10, fig. 1.
— Loc., 1898. *Exp. Trav.*, II, p. 204.

Suborbiculaire très inéquilatéral, bien bombé ; sommets très antérieurs ;
bien incurvés ; test orné de 13 costulations rayonnantes, très incurvées ;
étroites, lamelliformes, bien régulières et régulièrement espacées. — L.,
H., E. 6 millimètres.

Golfe de Gascogne, à 510 mètres.

Verticordia Lamothei, DAUTZENBERG ET H. FISCHER.

> *V. Lamothei*, Dtz., H. Fisch., 1897. *In Mém. soc. zool. Fr.*, X, p. 227, pl. 7,
> fig. 13-16. — Loc. 1897. *Exp. Trav.*, II. p. 205.

Subquadrangulaire presque régulier, très inéquilatéral ; bord inférieur formant un angle droit ; sommet bien incurvé ; arête apico-basale bien accusée ; test orné de 22 à 23 côtes rayonnantes régulières, arrondies, granuleuses. — L., H., E., 10 millimètres.

Golfe de Gascogne, à 610 mètres.

Verticordia granulata, SEGUENZA.

> *V. granulata*. Seg., 1860. *In Journ. conch.*, VIII. p. 393, pl. 10, fig. 2. —
> Loc., 1898. *Exp. Trav.*, II, p. 209.

Subtrigone, très inéquilatéral, bien ventru ; sommets très arqués ; test couvert de granulations rondes et équidistantes, avec dix côtes rayonnantes arrondies, subégales, rapprochées. — L. 8 ; H. 9 ; E. 9 millimètres.

Au large des côtes de Bretagne, entre 495 et 1125 mètres ; golfe de Gascogne *(teste* Jeffreys).

Verticordia insculpta, JEFFREYS.

> *Pecchiolia insculpta*, Jeffr., 1881. *In Proc. Zool. Soc. Lond.*, p. 922, p. 70, fig. 1.
> — *V. insculpta*, Dtz.. 1889. *Contr. Açores*, p. 88. — Loc., 1898. *Exp.
> Trav.*, II, p. 205.

Subquadrangulaire, un peu plus haut que large ; bord inférieur formant un angle aigu à sommet tronqué ; sommets très fortement recourbés ; test orné de costulations rayonnantes très grêles, régulières, régulièrement espacés, et de stries décurrentes très fines, très rapprochées, logées entre les côtes. — L. 6 à 18 ; H. 7 à 20 ; E. 7 à 20 millimètres.

Golfe de Gascogne, à 1020 mètres.

Verticordia subquadrata, JEFFREYS.

> *Pecchiolia subquadrata*, Jeffr., 1881. *In Proc. Zool. Soc. Lond.*, p. 932,
> pl. 70, fig. 3.

Très petit, subquadrangulaire très fortement inéquilatéral ; région antérieure très faible, étroitement arrondie, la postérieure 3 fois plus large, très haute, troncatulée ; sommets gros, très saillants ; bord inférieur très étroitement arrondi, allongé et recto-retroussé dans la région antérieure, beaucoup plus court dans la postérieure ; test presque lisse. — L. 4 1/2 ; H. 3 ; E. 3 millimètres.

Golfe de Gascogne à 1780 mètres.

Verticordia tornata, Jeffreys.

Pechiolia tornata, Jeffr., 1876. *In Ann. mag. nat. Hist.*, p. 491. — *V. tornata*, Ed. Smith, 1885. *Voy. Challeng.*, XIII, p. 170, pl. 25, fig. 9. — Loc., 1898. *Exp. Trav.*, II, p. 200.

Subexagonal assez régulier et subéquilatéral, bien renflé; bord basal étroitement arrondi puis bien retroussé latéralement; sommets gros, saillants, fortement incurvés; test blanc-jaunacé terne, orné de petites granulations obsolètes inégalement réparties. — L. 8; H. 7; E 6 millimètres.

Golfe de Gascogne, à 1480 mètres.

Genre MYTILIMERIA, Jeffreys.

Coquille bâillante en arrière; test non granuleux, couvert d'un épiderme caduc; sommets saillants, subspiraux, incurvés en avant; pas de dents à la charnière.

Mytilimeria Fischeri, Jeffreys.

M. Fischeri, Jeffr., *in* Loc., 1898. *Exp. Trav.*, II, p. 212, pl. 16, fig. 22 23.

Subrhomboïdal-cordiforme, assez renflé; région antérieure plus haute que large, arrondie; bord inférieur bien anguleux; test orné de côtes concentriques et irrégulières, en forme de rides. — L. et H. 17; E. 8 millimètres.

Golfe de Gascogne, entre 1145 et 2650 mètres.

THRACIIDÆ

Conch. franç., p. 261.

Genre THRACIA, Leach.

Conch. franç., p. 262.

A. — Groupe du *Th. pubescens.*

Coquille de grande taille.

Thracia pubescens, Pultney.

Conch. franç., p. 262, fig. 211. — 1898. *Exp. Trav.*, II, p. 216.

Golfe de Gascogne, depuis la zone littorale jusqu'à 400 mètres; golfe du Lion, depuis la zone littorale jusqu'à 250 mètres, au large de Marseille, Riou, la Cassidagne, entre 100 et 250 mètres.

Thracia convexa, W. Wood.

Conch. franç., p. 262. — 1898. *Exp. Trav.*, II, p. 215.

Golfe de Gascogne, fosse du cap Breton, à 450 mètres.

B. — Groupe du *Th. papyracea.*

Coquille de taille moyenne.

Thracia papyracea, Poli.

Conch. franç., p. 263, fig. 242.

Golfe de Gascogne, depuis la zone littorale jusqu'à 136 mètres.

Thracia distorta, Montagu.

Conch. franç., p. 263.

Golfe de Gascogne, fosse du cap Breton, entre 65 et 145 mètres.

Genre COCHLODESMA, Couthouy.

Coquille légèrement bâillante en avant et en arrière ; test non granuleux, un peu nacré en dedans ; cuilleron interne saillant.

Cochlodesma tenerum, Jeffreys.

C. tenerum, Jeffr., *in* P. Fisch., 1882. *In Journ. conch.*, XXX, p. 53. — Loc., 1898. *Exp. Trav.*, II, p. 216, pl. XI.

Ovalaire-transverse, inéquilatéral, déprimé ; région antérieure haute, arrondie, la postérieure plus petite, tronquée ; test blanc-jaunacé, orné de rides concentriques irrégulières, assez fortes, comme feuilletées sur le rostre. — L. 15 ; H. 10 ; E. 6 millimètres.

Golfe de Gascogne, entre 670 et 1190 mètres.

Genre LYONSIA, Turton.

Conch. franç., p. 264.

Lyonsia Norvegica, Chemnitz.

Conch. franç., p. 264.

Golfe de Gascogne, depuis la zone coralienne jusqu'à 180 mètres ; golfe du Lion, depuis la zone herbacée jusqu'à 250 mètres ; au large de Marseille, Riou, la Cassidagne, entre 38 et 400 mètres.

Lyonsia formosa, JEFFREYS.

L. formosa, Jeffr., 1881. *In Proc. Zool. Soc. Lond.*, p. 930, pl. 70, fig. 1. —
Loc., 1898. *Exp. Trav.*, II, p. 218.

Subrectangulaire transverse; région antérieure arrondie, la postérieure
un peu plus haute, tronquée, bord inférieur flexueux ; sommets presque
médians, très élargis, peu saillants ; test blanchâtre orné de granulations
piliformes ; arête apico-basale oblique, très saillante avec des imbrications grossières ; région antérieure portant des stries obliques ondulées,
la postérieure armée de cordons imbriqués, le plus inférieur plus accusé.
— L. 10; H. 6; E. 3 millimètres.

Au large des côtes de Bretagne, à 815 mètres; golfe de Gascogne,
entre 900 et 1300 mètres; golfe du Lion, au delà de 250 mètres; au
large de Marseille, falaise Peyssonnel, entre 500 et 1780 mètres.

MACTRIDÆ
Conch. franç., p. 265.

Genre MACTRA, Linné.
Conch. franç., p. 265.

Mactra gracilis, LOCARD.

Conch. franç., p. 265. — 1898. *Exp. Trav.*, II, p. 222, pl. 12, fig. 21-29.

Golfe de Gascogne, entre 60 et 180 mètres.

Genre LUTRARIA, de Lamarck.
Conch. franç., p. 269.

Lutraria elliptica, DE LAMARCK.

Conch. franç., p. 269.

Au large de Marseille, entre 4 et 200 mètres

Genre NESIS, de Monterosato.

Coquille très petite, ovalaire-transverse, très inéquilatérale; cuilleron
ligamentaire interne compris entre 2 dents cardinales, l'antérieure grande,
obtuse, infléchie, allongée à la base, la postérieure petite et saillante ;
pas de lamelles latérales.

Nesis prima, DE MONTEROSATO.

N. prima, de Monterosato, 1875. *Nuova revista*, p. 17 *(sine descr.)*.

Presque régulièrement ovalaire; région antérieure étroite, assez haute, bien arrondie, la postérieure près de 3 fois plus large, un peu plus haute, très arrondie à l'extrémité; bord inférieur droit; sommets petits, saillants; test assez solide, corné blanchâtre, lisse et brillant. — L. 6; H. 3 1/2; E. 1 3/4 millimètre.

Golfe de Gascogne, région aquitanique et fosse du cap Breton, au delà de la zone corallienne.

Genre SCHIZOTHÆRUS, Conrad.

Coquille ovale, épaisse, rugueuse, bâillante en arrière; plateau cardinal large; dents cardinales petites, dents latérales rapprochées, grêles; cuilleron très large, séparé du ligament par une plaque calcaire.

Schizothærus grandis, VERRIL ET SMITH.

Cryptodon grandis, Verr., Smith, 1885. *In Trans. Connect. acad.*, VI, p. 436, pl. 49, fig. 23. — *S. grandis*, Loc., 1896. *Camp. Caud.*, p. 180.

Subrectangulaire, un peu ventru; région antérieure concave en haut, puis étroitement arrondie, la postérieure plus haute, largement arquée; bord inférieur étroitement arrondi, rapidement retroussé des deux côtés; région postérieure avec 3 plis apicaux-rostraux; sommet petit, fortement incurvé; test orné de rides concentriques, irrégulières. — L. 14; H. 21; E. 15 millimètres.

Golfe de Gascogne, à 1710 mètres.

Genre SYNDESMYA, Récluz.
Conch. franç., p. 271.

A. — Groupe du *S. alba*.

Coquille ovalaire arrondie.

Syndesmya alba, S. WOOD.

Conch. franç., p. 272, fig. 251. — 1898. *Exp. Trav.*, II, p. 228, pl. 12, fig. 30-31.

Golfe de Gascogne, depuis la zone littorale jusqu'à 1200 mètres; fosse du cap Breton, entre 50 et 435 mètres.

B. — Groupe du *S. prismatica.*

Galbe ovalaire allongé.

Syndesmya prismatica, MONTAGU.

Conch. franç., p. 273, fig. 252.

Golfe de Gascogne, depuis la zone littorale jusqu'à 130 mètres; fosse du cap Breton, entre 40 et 130 mètres; golfe du Lion, depuis la zone littorale jusqu'à 250 mètres; au large de Marseille, entre 7 à 200 mètres.

Syndesmya nitida, MÜLLER.

Conch. franç., p. 273. — 1898. *Exp. Trav.*, II, p. 226, pl. 12, fig. 34-35.

Au large des côtes de Bretagne, à 1225 mètres; golfe de Gascogne, depuis la zone littorale jusqu'à 1160 mètres; golfe du Lion, depuis la même zone jusqu'au delà de 250 mètres; au large de Marseille, plateau de Marsilli, depuis la même zone jusqu'à 550 mètres.

Syndesmya longicallis, SCACCHI.

Tellina longicallis, Scac., 1836. *Nat. Gravina*, p. 16, pl. I, fig. 7. — *S. longicallis*, Mtr., 1884. *Nom. gen. Conch.*, *Medit.*, p. 29. — Loc., 1898. *Exp. Trav.*, II, p. 224, pl. 12, fig. 32-33.

Voisin du *S. nitida*, un peu plus court et un peu plus renflé; sommets plus médians; rostre moins accusé et moins comprimé; bord inférieur plus étroitement arqué. — L. 16 à 18; H. 10 à 13; E. 5 à 6 millimètres.

Au large des côtes de Bretagne, entre 495 et 3970 mètres; golfe de Gascogne, entre 260 et 1200 mètres; golfe du Lion, jusqu'à 250 mètres et au delà; au large de Marseille, Riou, la Cassidagne, cap Sicié, entre 350 et 700 mètres.

TELLINIDÆ

Conch. franç., p. 274.

Genre TELLINA, de Lamarck.

Conch. franç., p. 274.

B. — Groupe du *T. fabuliformis.*

Coquille assez petite, ovalaire-rostrée, sans rayons colorés.

Tellina fabuliformis, GRONOVIUS.

Conch. franç., p. 275, fig. 254.

Golfe de Gascogne, fosse du cap Breton, entre 45 et 145 mètres.

C. — Groupe du *T. crassa*.

Coquille de taille variable, ovalaire, ornée de stries concentriques.

Tellina crassa, PENNANT.

Conch. franç., p. 276, fig. 255.

Golfe de Gascogne, depuis la zone herbacée jusqu'à 180 mètres.

Tellina compressa, BROCCHI.

Conch. franç., p. 276.

Golfe de Gascogne, fosse du cap Breton, entre 75 et 145 mètres; côtes
e Provence, zone corallienne et au delà.

Tellina serrata, RENIERI.

Conch. franç., p. 277.

Golfe de Gascogne, fosse du cap Breton, entre 45 et 140 mètres; golfe
du Lion, depuis la zone corallienne jusqu'à 250 mètres; au large de
Marseille, Riou, le Planier, entre 100 et 200 mètres.

F. — Groupe du *T. Balthica*.

Coquille assez petite, subarrondie, bombée.

Tellina balaustina, LINNÉ.

Conch. franç., p. 279. — 1898. *Exp. Trav.*, II, p. 233.

Au large des côtes de Bretagne, entre 585 et 1125 mètres; golfe de
Gascogne, depuis la zone littorale jusqu'à 248 mètres; fosse du cap
Breton, à 130 mètres; au large de Marseille, Riou, la Cassidagne, depuis
la zone littorale jusqu'à 500 mètres.

Genre PSAMMOBIA, de Lamarck.

Conch. franç., p. 282.

Psammobia costulata, TURTON.

Conch. franç., p. 283. — 1898. *Exp. Trav.*, II, p. 235.

Golfe de Gascogne, depuis la zone corallienne jusqu'à 240 mètres;
golfe du Lion depuis la zone corallienne jusqu'à 250 mètres; au large
de Marseille, depuis la même zone jusqu'à 155 mètres.

VENERIDÆ
Conch. franç., p. 283.

Genre CYTHEREA, de Lamarck.
Conch. franç., p. 284.

A. — Groupe du *C. Chione.*

Coquille grande; test très lisse.

Cytherea Chione, LINNÉ.

Conch. franç., p. 284, fig. 264. — 1898. *Exp. Trav.*, II, p. 237.

Au large des côtes de l'Atlantique, golfe de Gascogne, depuis la zone herbacée jusqu'à 180 mètres; fosse du cap Breton, à 145 mètres.

B. — Groupe du *C. rudis.*

Coquille assez petite; test finement strié.

Cytherea rudis, POLI.

Conch. franç., p. 284, fig. 265. — 1898. *Exp. Trav.*, II, p. 238.

Golfe de Gascogne, depuis la zone herbacée jusqu'à 2285 mètres; golfe du Lion, depuis la zone littorale jusqu'à 250 mètres et au delà; au large de Marseille, Riou, la Cassidagne, cap Sicié, depuis 4 jusqu'à 400 mètres.

Cytherea gracilenta, LOCARD.

Conch. franç., p. 384. — 1898. *Exp. Trav.*, II, p. 240, pl. 13, fig. 1-3.

Au large de Marseille, cap Sicié, à 445 mètres.

Genre LUCINOPSIS, Forbes et Hanley.
Conch. franç., p. 285.

Lucinopsis undata, PENNANT.

Conch., franç., p. 386. — 1898. *Exp. Trav.*, II, p. 241.

Au large des côtes de Provence, depuis la zone herbacée jusqu'à 120 mètres.

Genre DOSINIA, Gray.

Conch. franç., p. 286.

A. — Groupe du *D. lupinina*.

Stries ornementales très fines.

Dosinia lupinina, POLI.

Conch. franç., p. 386. — 1898. *Exp. Trav.*, II, p. 241.

Au large des côtes de Provence, depuis la zone herbacée jusqu'à 120 mètres.

Dosinia Rissoiana, LOCARD.

Conch. franç., p. 286. — 1896. *Camp. Caud.*, p. 185, pl. 6, fig. 3.

Golfe de Gascogne, depuis la zone herbacée jusqu'à 180 mètres.

Dosinia lincta, PULTNEY.

Conch. franç., p. 286.

Golfe de Gascogne, depuis la zone herbacée jusqu'à 400 mètres.

Genre VENUS, Linné.

Conch. franç., p. 187.

A. — Groupe du *V. verrucosa*.

Galbe renflé; lamelles concentriques étroites et saillantes.

Venus Casina, LINNÉ.

Conch. franç., p. 288. — 1898. *Exp. Trav.*, II, p. 246.

Au large des côtes de Bretagne, à 815 mètres; golfe de Gascogne, depuis la zone herbacée jusqu'à 250 mètres et au delà; au large de Marseille, Riou, la Cassidagne, cap Sicié, depuis la zone corallienne jusqu'à 500 mètres.

Venus Rusterucii, PAYRAUDEAU.

Conch. franç., p. 289. — 1898. *Exp. Trav.*, II, p. 244, pl. 11, fig. 15 à 18.

Au large de Marseille, depuis la zone corallienne jusqu'à 550 mètres.

Venus nuciformis, GMELIN.

Conch. franç., p. 288. — 1898. *Exp. Trav.*, II, p. 248.

Golfe du Lion, vers 250 mètres et au delà; au large de Marseille, falaise Peyssonnel, entre 500 et 700 mètres.

Venus effosa, Bivona.

Conch. franç., p. 289. — 1898. *Exp. Trav.*, II, p. 247.

Golfe du Lion, depuis la zone corallienne jusqu'à 250 mètres et au delà; au large de Marseille, Riou, le Planier, la Cassidagne, cap Sicié, entre 100 et 500 mètres.

Venus nuculata, Donati.

V. nuculata, Don., *in* Statuti, 1884. *In Accad. Lincei*, XXXIII, p. 1. — Loc., 1892. *Conch. franç.*, p. 289.

Au large des côtes de Provence, au delà de la zone corallienne.

B. — Groupe du *V. fasciata*.

Galbe déprimé; lamelles concentriques très larges.

Venus fasciata, da Costa.

Conch. franç., p. 290, fig. 270.

Golfe de Gascogne, zone corallienne et au delà.

Venus Brongnarti, Payraudeau.

Conch. franç., p. 290.

Golfe du Lion, depuis la zone herbacée jusqu'à 250 mètres; au large de Marseille, Riou, le Planier, entre 25 et 200 mètres.

C. — Groupe du V. *ovata*.

Venus ovata, Pennant.

Conch. franç., p. 290. — 1898. *Exp. Trav.*, II, p. 251.

Au large des côtes de Bretagne, entre 880 et 1125 mètres; golfe de Gascogne, depuis la zone littorale jusqu'à 550 mètres; fosse du cap Breton, entre 40 et 140 mètres; golfe du Lion, depuis la zone littorale jusqu'à 250 mètres et au delà; au large de Marseille, cap Sicié, entre 5 et 700 mètres.

Genre TAPES, Megerle von Mühlfeld.

Conch. franç., p. 291.

E. — Groupe du *T. edulis*.

Coquille de taille variable; galbe subrhomboïdal plus ou moins allongé; test lisse ou costulé.

Tapes edulis, Chemnitz.

Conch. franç, p. 297, fig. 276.

Golfe de Gascogne, depuis la zone littorale jusqu'à 160 mètres.

INTEGROPALLEALES

CYPRINIDÆ
Conch. franç., p. 298.

Genre CYPRINA, de Lamarck.
Conch. franç., p. 298.

Cyprina Islandica, LINNÉ.
Conch. franç., p. 298, fig. 277. — 1898. *Exp. Trav.*, p. 254.

Au large dans l'Atlantique, zone corallienne et au delà.

Genre ISOCARDIA, de Lamarck.
Conch. franç., p. 299.

Isocardia cor, LINNÉ.
Conch. franç., p. 299, fig. 278. — 1898. *Exp. Trav.*, II, p. 255.

Au large des côtes de Bretagne, entre 495 et 1125 mètres; golfe de Gascogne, depuis la zone herbacée jusqu'à 1350 mètres ; golfe du Lion, depuis la zone herbacée jusqu'à 250 mètres et au delà ; au large de Marseille, falaise Peyssonnel, depuis la zone herbacée jusqu'à 700 mètres.

ASTARTIDÆ
Conch. franç., p. 299.

Genre ASTARTE, J. Sowerby.
Conch. franç., p. 299.

A. — Groupe de l'*A. fusca.*

Taille un peu grande; rides très fortes.

Astarte sulcata, DA COSTA.
Conch. franç., p. 300. — 1898. *Exp. Trav.*, II, p. 256.

Au large des côtes de Bretagne, entre 420 et 815 mètres ; golfe de

Gascogne, depuis la zone herbacée jusqu'à 900 mètres; golfe du Lion, depuis la zone herbacée jusqu'à 250 mètres et au delà; au large de Marseille, le Planier, Riou, falaise Peyssonnel, la Cassidagne, depuis la zone herbacée, jusqu'à 700 mètres.

B. — Groupe de l'*A. Banksi*.

Taille plus petite; rides très fines.

Astarte Banksi, LEACH.

Conch. franç., p. 301, fig. 280. — 1898. *Exp. Trav.*, II, p. 258.

Golfe de Gascogne, depuis la zone herbacée jusqu'à 400 mètres.

Astarte triangularis, MONTAGU.

Conch. franç., p. 301.

Golfe du Lion, depuis la zone herbacée jusqu'à 250 mètres et au delà; au large de Marseille, falaise Peyssonnel, Riou, la Cassidagne, entre 500 et 700 mètres.

Genre CIRCE, Schumacher.

Conch. franç., p. 301.

Circe minima, MONTAGU.

Conch. franç., p. 301, fig. 281. — 1898. *Exp. Trav.*, II, p. 259.

Golfe de Gascogne, depuis la zone littorale jusqu'à 250 mètres; golfe du Lion, depuis la zone littorale jusqu'à 250 mètres; au large de Marseille, Riou, la Cassidagne, entre 2 et 200 mètres.

Circe undulata, LOCARD.

Conch. franç., p. 302.

Au large des côtes de Provence, zone corallienne et au delà.

CARDIIDÆ

Conch. franç., p. 302.

Genre CARDIUM, Linné.

Conch. franç., p. 302.

A. — Groupe du *C. tuberculatum*.

Coquille grande; test épais; côtes plus ou moins épineuses.

Cardium echinatum, Linné.

C. echinatum, Conch. franç., p. 303.

Golfe du Lion, depuis la zone littorale jusqu'à 250 mètres ; au large de Marseille, Riou, le Planier, entre 100 et 200 mètres.

Cardium Duregnei, de Bourry.

C. bullatum, Loc., 1892. *Conch. franç.*, p. 303 *(non Lamck.).— C. Duregnei,* Loc. 1896. *Camp. Caud.*, p. 188.

Golfe de Gascogne, depuis la zone littorale jusqu'à 180 mètres.

Cardium mucronatum, Poli.

Conch. franç., p. 303.

Golfe du Lion, depuis la zone littorale jusqu'à 250 mètres.

Cardium Deshayesi, Payraudeau.

Conch. franç., p. 303.

Golfe du Lion, depuis la zone littorale jusqu'à 250 mètres ; au large des côtes de Provence, depuis la zone corallienne et au delà.

Cardium erinaceum, de Lamarck.

Conch. franç., p. 304.

Au large des côtes de Provence, depuis la zone herbacée jusqu'au delà de 100 mètres.

B. — Groupe du *C. paucicostatum.*

Coquille grande ; test mince ; côtes épineuses.

Cardium paucicostatum, Sowerby.

Conch. franç., p. 304, fig. 283. — 1898. *Exp. Trav.*, II, p. 262.

Golfe de Gascogne, fosse du cap Breton, à 290 mètres.

Cardium aculeatum, Linné.

Conch. franç., p. 304.

Golfe du Lion, zone littorale jusqu'à 250 mètres ; au large de Marseille, Riou, le Planier, entre 38 et 200 mètres.

D. — Groupe du *C. papillosum.*

Coquille petite ; test costulé et ornementé.

Cardium papillosum, Poli.

Conch. franç., p. 30?, fig. 285.

Golfe du Lion, depuis la zone littorale jusqu'à 250 mètres ; au large de Marseille, Riou, la Cassidagne, entre 40 et 200 mètres.

Cardium fasciatum, Montagu.

Conch. franç., p. 306.

Golfe de Gascogne à 405 mètres ; golfe du Lion, depuis la zone littorale jusqu'à 250 mètres ; au large de Marseille, Riou, la Cassidagne, entre 10 et 200 mètres.

Cardium nodosum, Turton.

Conch. franç., p. 306. — 1898. Exp. Trav., p. 264.

Au large des côtes de Bretagne, entre 495 et 595 mètres ; golfe de Gascogne, depuis la zone littorale jusqu'à 180 mètres ; golfe du Lion, depuis la même zone jusqu'à 250 mètres.

Cardium minimum, Philippi.

Conch. franç., p. 307. — 1898. Exp. Trav., p. 265.

Au large des côtes de Bretagne, entre 495 et 1125 mètres ; golfe de Gascogne, depuis la zone herbacée jusqu'à 2450 mètres ; fosse du cap Breton, à 405 mètres ; golfe du Lion, depuis la zone littorale jusqu'à 250 mètres et au delà ; au large de Marseille, le Planier, Riou, la Cassidagne, falaise Peyssonnel, depuis la zone littorale jusqu'à 700 mètres.

E. — Groupe du C. Norvegicum.

Coquille grande ; galbe oblong ; côtes nombreuses et lisses.

Cardium Norvegicum, Spengler.

Conch. franç., p. 307, fig. 286. — 1896. Exp. Trav., II, p. 266.

Golfe de Gascogne, depuis la zone littorale jusqu'à 180 mètres.

Cardium oblongum, Chemnitz.

Conch. franç., p. 307. — 1898. Exp. Trav., II, p. 267.

Golfe de Gascogne, depuis la zone corallienne jusqu'à 155 mètres ; golfe du Lion, depuis la zone littorale jusqu'à 150 mètres ; au large de Marseille, Riou, le Planier, la Cassidagne, de 4 à 500 mètres.

CARDITIDÆ

Conch. franç., p. 308.

Genre CARDITA, Bruguière.

Conch. franç., p. 308.

A. — Groupe du *C. antiquata.*

Galbe subarrondi ; sommets submédians.

Cardita antiquata, LINNÉ.

Conch. franç., p. 308, fig. 287.

Golfe du Lion, depuis la zone littorale jusqu'à 150 mètres ; au large de Marseille et des côtes de Provence, depuis la zone littorale jusqu'au delà de la zone corallienne.

Cardita corbis, PHILIPPI.

C. corbis, Phil., 1836. *En. Moll. Sicil.*, I, p. 55, pl. 4, fig. 19. — Loc., 1898. *Exp. Trav.*, II, p. 271.

Petit, sub'rigone un peu oblique ; sommets aigus ; région antérieure peu haute, étroitement arrondie, la postérieure moins large, plus haute, plus largement arrondie ; test épais, orné de côtes longitudinales peu accusées, larges, peu hautes, rapprochées, et de stries concentriques sensibles, recoupant les côtes. — L. 5 ; H. 4 1/2 ; E. 4 millimètres.

Golfe de Gascogne, entre 600 et 1020 mètres.

B. — Groupe du *C. aculeata.*

Galbe subrhomboïdal ; sommets très antérieurs.

Cardita aculeata, POLI.

Conch. franç., p. 309, fig. 288. — 1898. *Exp. Trav.*, II, p. 270.

Golfe du Lion, depuis la zone herbacée jusqu'à 250 mètres ; au large de Marseille, Riou, la Cassidagne, cap Sicié, entre 100 et 500 mètres.

Genre CYPRICARDIA, de Lamarck.

Conch. franç., p. 310.

Cypricardia Guerini, PAYRAUDEAU.

Byssomya Guerini, Payr., 1826. *Moll. Corse*, p. 32, pl. 3, fig. 6 8. — *C. Guerini*, Loc., 1898. *Exp. Trav.*, II, p. 273.

Galbe très irrégulièrement subrectangulaire transverse ; sommets submédians ; région antérieure petite, subarrondie, la postérieure bien plus haute et plus largement arrondie ; bord inférieur oblique, arqué, plus ou moins sinué. — L. 15 à 17; H. 9 à 11; E. 8 à 9 millimètres.

Golfe de Gascogne, fosse du cap Breton, entre 17 et 115 mètres.

Genre CYAMIUM, Philippi.
Conch. franç., p. 310.

Cyamium minutum, O. FABRICIUS.

Conch. franç,, p. 311, fig. 290.

Golfe de Gascogne, zone corallienne et au delà.

CHAMIDÆ
Conch. franç., p. 311.

Genre CHAMA, Linné.
Conch. franç., p. 311.

Chama Nicolloni, DAUTZENBERG.

C. Nicolloni, Dtz ,1892. *In Bull. Soc. sc. nat. Ouest France*, II, p. 133, fig. 1-5. — Loc., 1898. *Exp. Trav.*, II, p. 273, pl. XIII, fig. 1-4.

Voisin du *C. gryphoides*, sommets infléchis sur la région postérieure ; sur les deux valves, lamelles minces, larges, continues et découpées. — E. 15 à 20; H. 15 à 25 ; E. 8 à 12 millimètres.

L'Atlantique, à 120 mètres ; golfe de Gascogne, jusqu'à 2885 mètres.

Chama circinata, DE MONTEROSATO.

Conch. franç., p. 312.

Côtes de Provence, zone corallienne et au delà.

LUCINIDÆ
Conch. franç., p. 312.

Genre LUCINA, de Lamarck.
Conch. franç., p. 312.

A. — Groupe du *L. borealis*.

Test orné de côtes concentriques fortes.

Lucina borealis, Linné.

Conch. franç., p. 312, fig. 292. — 1898. *Exp. Trav.*, II, p. 274.

Au large des côtes de Bretagne, à 880 mètres; golfe de Gascogne, fosse du cap Breton, entre 65 et 195 mètres; golfe du Lion, depuis la zone herbacée jusqu'à 350 mètres et au delà.

Lucina spinifera, Montagu.

Conch. franç., p. 212. — 1898. *Exp. Trav.*, II, p. 277.

Au large des côtes de Bretagne, à 880 mètres; golfe de Gascogne, depuis la zone littorale jusqu'à 180 mètres; fosse du cap Breton, entre 65 et 195 mètres; golfe du Lion, jusqu'à 250 mètres et au delà; au large de Marseille, falaise Peyssonnel, entre 2 et 700 mètres.

Genre DIPLODONTA, Bronn.

Conch. franç., p. 315.

Diplodonta orbicula, de Monterosato.

D. orbiculata, Mtr., *in* Loc., 1898. *Exp. Trav.*, II, p. 285, pl. 14, fig. 8-11.

Orbiculaire-transverse, un peu plus large que haut, renflé; région antérieure presque aussi large que la postérieure, à peine plus haute; maximum de convexité médian; sommets largement épanouis; test mince, jaunacé. — L. 22; H. 18; E. 12 millimètres.

Golfe de Gascogne, à 2285 mètres.

Genre AXINUS, J. Sowerby.

Conch. franç., p. 315.

Axinus flexuosus, Montagu.

Conch. franç., p. 316, fig. 296 — 1898. *Exp. Trav.*, II, p. 288.

Au large des côtes de Bretagne, entre 880 et 1125 mètres; golfe de Gascogne, depuis la zone littorale jusqu'à 1710 mètres; golfe du Lion, depuis la même zone jusqu'à 250 mètres et au delà; au large de Marseille, falaise Peyssonnel, Riou, la Cassidagne, depuis 4 jusqu'à 2000 mètres.

Axinus orbiculatus, Seguenza.

Verticordia orbiculata, Seg., 1876. *In R. Accad. sc. fis. mat.*, p. 9. — *A. orbiculatus*, Jeffr., 1881. *In Proc. Zool. Soc. Lond.*, p. 702, pl. 61, fig. 5. — Loc., 1898. *Exp. Trav.*, II, p. 290.

Orbiculaire; sommet presque médian, étroit, infléchi, saillant; contour périphérique presque circulaire; deux arêtes apico-basales dans la région postérieure assez sensibles; test blanchâtre, orné de fausses costulations rayonnantes obsolètes portant des petites vacuoles circulaires. — L. et H. 5; E. 3 1/2 millimètres.

Au large des côtes de Bretagne, entre 585 et 1125 mètres; golfe de Gascogne, entre 500 et 1190 mètres.

Axinus tortuosus, JEFFREYS.

> *A. tortuosus*, Jeffr., 1881. *In Proc. Zool. Soc. Lond.*, p. 702, pl. 61, fig. 6. — Loc., 1898. *Exp. Trav.*, II, p. 290.

Subovalaire-transverse; région antérieure très haute, très largement arrondie, près de 2 fois plus longue que la postérieure; celle-ci bien moins haute et plus étroitement arrondie; bord inférieur largement arrondi; sommets acuminés, un peu étroits, faiblement arqués; test blanchâtre, presque lisse. — L. 6; H. 5; E. 3 millimètres.

Golfe de Gascogne, entre 1080 et 1960 mètres.

Axinus incrassatus, JEFFREYS.

> *A. incrassatus*, Jeffr., 1881. *In Proc. Zool. Soc. Lond.*, p. 703, pl. 61, fig. 7.

Très petit, fortement inéquilatéral, subarrondi; région antérieure extrêmement étroite, peu haute, tronquée droit; la postérieure 3 fois 1/2 plus large, très haute, largement arrondie; sommets acuminés, saillants; bord inférieur recto-oblique, retroussé postérieurement; test mince, un peu brillant. — L. 2 1/4; H. 2; E. 3/4 millimètre.

Au large des côtes de Bretagne, entre 495 et 880 mètres.

Axinus Crouliensis, JEFFREYS.

> *A. Crouliensis*, Jeffr., 1863-69. *Brit. conch.*, II, p. 300, pl. 33, fig. 2. — Loc., 1898. *Exp. Trav.*, II, p. 291.

Subarrondi, à peine un peu plus haut que large; sommets presque médians, petits, peu saillants, faiblement incurvés; région postérieure à peine un peu plus petite que l'antérieure, moins arrondie; bord inférieur étroitement arqué; arête apico-basale peu accusée, bien incurvée; test un peu plus brillant. — L. 3 1/2; H. 3; D. 2 1/2 millimètres.

Au large des côtes de Bretagne, entre 585 et 1125 mètres; golfe de Gascogne, entre 185 et 1960 mètres.

Axinus eumyarius, M. SARS.

A. eumyarius, Sars, 1870. *Christianfj. fauna*, II, p. 87, pl. XII, fig. 7-10. —
Loc., 1898. *Exp. Trav.*, II, p. 293.

Voisin de l'*A. Crouliensis*, plus petit, plus régulier dans son contour,
plus symétrique ; valves plus renflées ; région postérieure moins exiguë,
moins découpée ; bord inférieur moins étroitement arrondi ; arête apico-
basale nulle. — L. et H. 2 1/2 ; E. 2 1/4 millimètres.

Au large des côtes de Bretagne, entre 585 et 1125 ; golfe de Gascogne,
entre 1020 et 1190 mètres.

Axinus ferrugineus, FORBES.

Conch. franç., p. 316. — 1898. *Exp. Trav.*, II, p. 293.

Golfe de Gascogne, depuis la zone corallienne jusqu'à 1340 mètres ;
golfe du Lion, depuis la zone herbacée jusqu'à 250 mètres ; au large de
Marseille, falaise Peyssonnel, la Cassidagne, entre 500 et 700 mètres.

Axinus subovatus, JEFFREYS.

A. subovatus, Jeffr., 1881. *In Proc. Zool. Soc. Lond.*, p. 704, pl. 61, fig. 8. —
Loc., 1898. *Exp. Trav.*, II, p. 293.

Voisin de l'*A. tortuosus ;* taille plus petite, région antérieure moins
haute, plus étroitement arrondie ; la postérieure plus haute et plus largement convexe ; bord inférieur beaucoup plus largement arqué ; sommets
plus élargis, moins infléchis. — L. 1 1/2 ; H. 1 ; E. 3/4 millimètre.

Au large des côtes de Bretagne, entre 480 et 1125 mètres ; golfe de
Gascogne, à 2650 mètres.

Genre Woodia, Deshayes.
Conch. franç., p. 316.

Woodia digitaria, LINNÉ.

Conch. franç., p. 316. — 1898. *Exp. Trav.*, II, p. 287.

Golfe de Gascogne, depuis la zone corallienne jusqu'à 1110 mètres.

Genre SCACCHIA, Philippi.
Conch. franç., p. 317.

Scacchia ovata, PHILIPPI.

Conch. franç., p. 317.

Au large de Marseille, zone corallienne et au delà.

Scacchia tenera, JEFFREYS.

Sc. tenera, Jeffr., 1881. *In Proc. Zool. Soc. Lond.*, p. 698, pl. 61, fig. 2.

Ovalaire-transverse un peu allongé; région antérieure haute, subarrondie; la postérieure près de 1 fois 1/2 plus large, un peu moins haute,
plus régulièrement arrondie; sommets petits, saillants; bord inférieur
très largement arqué, un peu retroussé dans la région postérieure; une
dent cardinale forte. — L. 5; H. 4; E. 3 millimètres.

Au large des côtes de Bretagne, entre 585 et 815 mètres.

Genre PSEUDOPYTHINIA, P. Fischer.
Conch. franç., p. 317.

Pseudopythinia setosa, DUNKER.

Coralliophaga setosa, Dunk., *in* Grube, 1864. *Ins. Lussin*, p. 48. — *P. Mac
Andrewi*, P. Fisch., *in* Loc., 1892. *Conch. franç.*, p. 317, fig. 299. — *P.
setosa*, Loc., 1898. *Exp. Trav.*, II, p. 303.

Golfe de Gascogne, depuis la zone herbacée jusqu'à 370 mètres.

KELLYIDÆ
Conch. franç., p. 318.

Genre KELLYA, Turton.
Conch. franç., p. 318.

Kellya suborbicularis, MONTAGU.

Conch. franç., p. 318, fig. 300. — 1898. *Exp. Trav.*, II, p. 296.

Au large des côtes de Bretagne, entre 815 et 1125 mètres; golfe de
Gascogne, depuis la zone corallienne jusqu'à 170 mètres; fosse du cap
Breton, entre 65 et 145 mètres.

Kellya Geoffroyi, PAYRAUDEAU.

Conch. franç., p. 319.

Golfe de Gascogne *(teste* Jeffreys).

Kellya symmetros, JEFFREYS.

K. symmetros, Jeffr., *in* Loc., 1898. *Exp. Trav.*, II, p. 297, pl. 13, fig. 18-20.

Taille très petite; galbe ovalaire-trigone, équilatéral; sommets très

renflés, non infléchis ; régions antérieure et postérieure subsymétriques, presque également arrondies ; bord inférieur largement arqué, test vitreux-pellucide, brillant, très lisse. — L. 4 ; H. 3 ; E. 2 1/2 millimètres.
Golfe de Gascogne, à 564 mètres.

Genre KELLYELLA, M. Sars.
Conch. franç., p. 319.

Kellyella miliaris, PHILIPPI.
Conch. franç., p. 319, fig. 301.

Golfe de Gascogne, depuis la zone corallienne jusqu'à 960 mètres.

Genre LASÆA, Leach.
Conch. franç., p. 319.

Lasæa rubra, MONTAGU.
Conch. franç., p. 320, fig. 302. — 1898. *Exp. Trav.*, II, p. 298.

Golfe de Gascogne, depuis la zone herbacée jusqu'à 1080 mètres.

Lasæa pumila, S. WOOD.
Kellia pumila, Wood, 1850. *Crag Moll.*, II, p. 124, pl. 12, fig. 15. — *L. pumila*, Jeffr., 1881. *In Proc. Zool. Soc. Lond.*, p. 699. — 1898. *Loc. Exp. Trav.*, II, p. 299.

Taille plus petite ; galbe plus ovalaire-transverse, plus inéquilatéral, plus renflé ; région postérieure plus développée par rapport à l'antérieure, à contours plus arrondis ; sommets plus saillants ; dent cardinale unique, lamelles latérales grandes. — L. 2 1/2 ; H. 1 3/4 ; E. 1 1/2 millimètre.
Au large des côtes de Bretagne, entre 420 et 1125 mètres ; golfe de Gascogne, à 1110 mètres.

Genre MONTAGUIA, Turton.
Conch. franç., p. 320.

Montaguia bidentata, MONTAGU.
Conch. franç., p. 320, fig. 303.

Au large des côtes de Bretagne, à 495 mètres.

Montaguia ferruginea, MONTAGU.

Conch. franç., p. 320. — 1898. *Exp. Trav.*, II, p. 300.

Au large des côtes de Bretagne, entre 585 et 880 mètres ; golfe de Gascogne, depuis la zone littorale jusqu'à 1190 mètres ; fosse du cap Breton, entre 40 et 145 mètres ; golfe du Lion, depuis la même zone jusqu'à 250 mètres ; au large de Marseille, entre 100 et 200 mètres.

Montaguia tumidula, JEFFREYS.

M. tumidula, Jeffr., 1865. *Brit. conch.*, V, p. 177, pl. 100, fig. 5. — Loc., 1898. *Exp. Trav.*, II, p. 301.

Voisin du *M. ferruginea*, bien plus petit, plus haut et plus court ; sommets bien plus antérieurs ; région postérieure bien plus haute et bien plus développée par rapport à l'antérieure ; bord inférieur moins droit et moins allongé ; sommets plus renflés. — L. 3 1/2 ; H. 2 ; E. 1 3/4 millimètre.

Golfe de Gascogne, fosse du cap Breton, entre 40 et 144 mètres.

Montaguia ovata, JEFFREYS.

Montacuta ovata, Jeffr., 1881. *In Proc. Zool. Soc. Lond.*, p. 698, pl. 61, fig. 4. — *M. ovata*, Loc., 1886. *Prodr.*, p. 473. — 1898. *Exp. Trav.*, II, p. 302.

Ovalaire-transverse ; région antérieure très étroite et bien haute, la postérieure plus de 3 fois plus large, plus haute, toutes deux bien arrondies ; sommets petits, acuminés, extrêmement antérieurs ; bord inférieur presque droit. — L. 3 ; H. 2 1/2 ; E. 2 millimètres.

Golfe de Gascogne, à 1080 mètres.

Montaguia substriata, MONTAGU.

Conch. franç., p. 321.

Golfe de Gascogne, depuis la zone herbacée jusqu'à 180 mètres ; golfe du Lion, depuis la même zone jusqu'à 250 mètres.

Genre DECIPULA, Jeffreys.

Coquille petite, ovalaire-transverse, bien déprimée ; une très petite dent cardinale sur chaque valve.

Decipula ovata, JEFFREYS.

Montacuta ovata, Jeffr., *in* Friele, 1875. *Vide Förh.*, p. 57. — *D. ovata*, Jeffr., 1881. *In Pr. Zool. Soc. Lond.*, p. 696. — Loc., 1898. *Exp. Trav.*, II, p. 299

Subovalaire-transverse; région antérieure petite, régulièrement arrondie, la postérieure 2 fois plus large, un peu plus haute, plus largement arrondie; bord inférieur droit; sommets petits, saillants, faiblement infléchis. — L. 3 1.4; H. 2 3/4; E. 3/4 millimètre.

Golfe de Gascogne, entre 195 et 900 mètres.

Genre LEPTON, Turton.

Conch. franç., p. 321.

Lepton sulcatum, JEFFREYS.

Conch. franç., p. 321.

Golfe du Lion, depuis la zone littorale jusqu'à 250 mètres.

Lepton lacertum, JEFFREYS.

L. lacertum, Jeffr., *in* de Folin, 1873. *Les Fonds de la mer*, II, p. 94, pl. 2, fig. 11. — Loc., 1898. *Exp. Trav.*, II, p. 302.

Très petit, ovalaire-transverse; région antérieure peu haute, un peu étroitement arrondie, la postérieure à peine plus développée, un peu plus largement arrondie; sommets presque médians, petits, peu incurvés; bord inférieur très largement arqué. — L. 2 1/2; H. 2; E. 1 3/4 millimètre.

Au large des côtes de Bretagne, à 915 mè res; golfe de Gascogne, entre 50 et 115 mètres.

GALEOMMIDÆ

Coquille assez petite, en partie interne, équivalve, subéquilatérale, charnière avec ou sans dent; ligament interne.

Genre GALEOMMA, Turton.

Conch. franç., p. 322.

Galeomma Turtoni, SOWERBY.

Conch. franç., p. 322, fig. 305.

Golfe de Gascogne, fosse du cap Breton, entre 65 et 145 mètres.

Genre SCINTILLA, Deshayes.

Coquille ovalaire-transverse, un peu bâillante; bord cardinal presque droit, mince, non interrompu, portant 2 dents divergentes; test lisse.

Scintilla crispata, P. Fischer.

S. crispata, P. Fisch., *in* de Folin, 1873. *Les Fonds de la mer*, II, p. 83,
pl. 2, fig. 7. — Loc., 1882. *Prodr.*, p. 474.

Orbiculaire, équilatéral, comprimé; sommets à peine saillants; test
mince, pellucide, orné de stries concentriques régulières, accusées surtout aux extrémités, et de stries rayonnantes extrêmement fines, régulièrement espacées. — L. 4 1/2; H. 4; E. 2 millimètres.

Golfe de Gascogne, fosse du cap Breton, zone corallienne et au delà.

Genre SPORTELLA, Deshayes.

Coquille oblongue-transverse, déprimée, close; sur chaque valve,
2 dents cardinales un peu divergentes, et une fosse du cartilage très
oblique, submarginale, interne.

Sportella recondita, P. Fischer.

S. recondita, P. Fisch., *in* de Folin, 1873. *Les Fonds de la mer*, II, p. 49, pl. 2,
fig. 3. — Loc., 1896. *Prodr.*, p. 460.

Ovale-transverse, subéquilatérale; régions antérieure et postérieure
arrondies, subégales; bord inférieur allongé, subsinué, droit; sommets
presque médians, caliculés; test mince, blanchâtre, pellucide, orné de
stries concentriques d'accroissement et de linéoles rayonnantes très fines.
— L. 9; H. 5; E. 3 millimètres.

Golfe de Gascogne, fosse du cap Breton, depuis la zone herbacée jusqu'à 100 mètres.

Genre HINDSIELLA, Stoliczka.

Coquille allongée-transverse, bord inférieur sinué et incisé; une dent
cardinale sur la valve inférieure et 2 sur la valve supérieure; une petite
fossette du cartilage en arrière des dents cardinales.

Hindsiella Jeffreyssiana, P. Fischer.

Hindsia Jeffreyssiana, P. Fisch., *in* de Folin, 1873. *Les Fonds de la mer*, II,
p. 83, pl. 2, fig. 8. — *Vasconia Jeffreyssiana*, Loc., 1886. *Prodr.*, p. 475.

Ovale-transverse, un peu convexe; bord supérieur arqué; bord inférieur profondément échancré; régions antérieure et postérieure arrondies;
dépression médiane canaliculée; test blanchâtre orné de stries concen-

triques d'accroissement arquées-flexueuses et de petits rayons obsolètes; intérieur rayonné. — L. 5; H. 3 1/2 ; E. 2 3/4 millimètres.

Golfe de Gascogne, fosse du cap Breton, depuis 65 mètres jusqu'au delà de la zone corallienne.

ASIPHONIDÆ

ARCIDÆ
Conch. franç., p. 323.

Genre ARCA, Linne
Conch. franç., p. 323.

A. — Groupe de l'*A. Polii.*

Galbe subarrondi, renflé.

Arca Polii, MAYER.

Conch. franç., p. 324, fig. 307. — 1898. *Exp. Trav.*, II, p. 305.

Golfe du Lion, au large de Marseille, la Cassidagne, zone corallienne et au delà.

Arca corbuloides, DE MONTEROSATO.

Conch. franç., p. 324. — 1898. *Exp. Trav.*, II, p. 306.

Golfe du Lion et côtes de Provence, au large de Marseille, la Cassidagne, depuis la zone corallienne jusqu'au delà de 250 mètres.

B. — Groupe de l'*A. Noe.*

Galbe subrhomboïdal globuleux, taille grande.

Arca Noe, LINNÉ.

Conch. franç., p. 324, fig. 308. — 1898. *Exp. Trav.*, II, p. 309.

Golfe du Lion, depuis la zone littorale jusqu'à 250 mètres.

Arca tetragona, POLI.

Conch. franç., p. 325. — 1898. *Exp. Trav.*, p. 311.

Golfe de Gascogne, depuis la zone herbacée jusqu'à 180 mètres, fosse du cap Breton, entre 40 et 140 mètres ; golfe du Lion, depuis la zone herbacée jusqu'à 250 mètres et au delà ; au large de Marseille, Riou, le Planier, la Cassidagne, cap Sicié, entre 10 et 700 mètres.

Arca cardissa, DE LAMARCK.

Conch. franç., p. 325. — 1898. *Exp. Trav.*, II, p. 313.

Côtes de Provence, depuis la zone littorale jusqu'au delà de la zone corallienne.

C. — Groupe de l'*A. lactea*.

Galbe subrhomboïdal-arrondi ; taille assez petite.

Arca lactea, LINNÉ.

Conch. franç., p. 325, fig. 309. — 1898. *Exp. Trav.*, II, p. 313.

Golfe de Gascogne, depuis la zone littorale jusqu'à 1080 mètres ; golfe du Lion, depuis la zone littorale jusqu'à 250 mètres et au delà ; au large de Marseille, Riou, la Cassidagne, entre 7 et 700 mètres.

Arca pulchella, REEVE.

Conch. franç., p. 226. — 1898. *Exp. Trav.*, II, p. 315.

Au large de Marseille, depuis la zone corallienne jusqu'à 555 mètres.

Arca nodulosa, MÜLLER.

A. nodulosa, Müll., 1766. *Zool. Dan. Prodr.*, p. 247. — *A. scabra*, Poli, *in* Loc., 1892. *Conch. franç.*, p. 326. — *A. nodulosa*, Loc., 1898. *Exp. Trav.*, II, p. 316.

Au large des côtes de Bretagne, entre 880 et 1125 mètres ; golfe de Gascogne, depuis la zone corallienne jusqu'à 2020 mètres ; au large de Marseille, falaise Peyssonnel, la Cassidagne, entre 300 et 700 mètres.

Arca glacialis, GRAY.

A. glacialis, Gray, *in* Sars, 1878. *Moll. Norv.*, p. 43, pl. 4, fig. 1. — Loc., 1896. *Prodr.*, p. 483.

Subrhomboïdal allongé, assez renflé ; région antérieure étroitement arrondie, la postérieure 1 fois 1/2 plus longue, plus haute et bien arrondie ; bord supérieur droit, l'inférieur droit et légèrement déclive ; test épaissi orné de stries concentriques et rayonnantes très fines, souvent masquées par un épiderme roux et poilu. — L. 15; H. 12; E. 8 millimètres.

Golfe de Gascogne, entre 130 et 250 mètres.

Arca obliquata, PHILIPPI.

Conch. franç., p. 326.

Au large des côtes de Bretagne, entre 495 et 1125 mètres; golfe du Lion, depuis la zone corallienne jusqu'à 250 mètres et au delà; au large de Marseille, falaise Peyssonnel, entre 500 et 700 mètres.

Arca pectunculoides, SCACCHI.

Conch. franç., p. 327. — 1898. *Exp. Trav.*, p. 318.

Au large des côtes de Bretagne, entre 420 et 1125 mètres; golfe de Gascogne, depuis la zone corallienne jusqu'à 1190 mètres; golfe du Lion, depuis la zone herbacée jusqu'à 250 mètres et au delà; au large de Marseille, Riou, la Cassidagne, entre 50 et 2000 mètres.

Arca Frielei, JEFFREYS.

A. Frielei, Jeffr., *in* Friele, 1877. *Mag. Naturv.*, XXIII, p. 3, fig. 2. — Loc. 1898. *Exp. Trav.*, II, p. 320.

Plus petit que l'*A. pectunculoides*, plus haut et toujours moins transverse; région antérieure petite et fortement décurrente dans le bas; la postérieure bien arrondie; bord inférieur plus étroitement arrondi; sommets plus postérieurs et plus saillants. — L. 9; H. 7; E. 5 millimètres.

Golfe de Gascogne, entre 650 et 1695 mètres.

Genre PECTUNCULUS, de Lamarck.
Conch. franç., p. 327.

Pectunculus glycimeris, LINNÉ.

Conch. franç, p. 327, fig. 311. — 1898. *Exp. Trav.*, II, p. 322.

Golfe de Gascogne, depuis la zone littorale jusqu'à 240 mètres.

Pectunculus pilosus, LINNÉ.

Conch. franç., p. 328.

Golfe de Gascogne, à 180 mètres; golfe du Lion, depuis la zone littorale jusqu'à 250 mètres.

Genre LIMOPSIS, Sassi.

Conch. franç., p. 329.

Limopsis aurita, BROCCHI.

Conch. franç., p. 320, fig. 312. — 1898. *Exp. Trav.*, II, p. 325, pl. 15, fig. 5-10.

La Manche, à 350 mètres ; au large des côtes de Bretagne, entre 420 et 1125 mètres ; golfe de Gascogne, entre 160 et 1095 mètres ; golfe du Lion, au delà de 250 mètres ; au large de Marseille, Riou, le Planier, la Cassidagne, cap Sicié, entre 500 et 700 mètres.

Limopsis minuta, PHILIPPI.

Pectunculus minutus, Phil., 1836. *En. Moll. Sicil.*, I, p. 63, pl. 5, fig. 3. — *L. minuta*, Jeffr., 1879. *In Proc. Zool. Soc. Lond.*, p. 585, pl. 46, fig. 9. — Loc., 1898. *Exp. Trav.*, II, p. 328, pl. 14, fig. 30-32.

Taille plus petite ; galbe bien plus droit, avec l'axe apico-basal presque vertical ; régions antérieure et postérieure bien plus symétriques ; bord inférieur interne denticulé. — L. 4 1/2 ; H. 5 ; E. 3 1/2 millimètres.

Au large des côtes de Bretagne, entre 495 et 1124 mètres ; golfe de Gascogne, entre 410 et 1350 mètres ; golfe du Lion, au delà de 250 mètres ; au large de Marseille, Riou, le Planier, la Cassidagne, falaise Peyssonnel, entre 100 et 2000 mètres.

Limopsis cristata, JEFFREYS.

L. cristata, Jeffr., 1879. *In Proc. Zool. Soc. Lond.*, p. 585, pl. 46, fig. 8. — Loc., 1898. *Exp. Trav.*, II, p. 330.

Voisin du *L. minuta*, un peu plus grand, encore plus régulièrement symétrique ; bord inférieur un peu plus largement arrondi ; dents de la charnière plus fines et plus nombreuses ; denticulations du bord inférieur interne plus grêles et plus serrées.

Au large des côtes de Bretagne, entre 495 et 875 mètres ; golfe de Gascogne, entre 1080 et 2020 mètres.

Genre MALLETIA, des Moulins.

Coquille ovalaire-transverse, subéquilatérale, comprimée, bâillante en avant et en arrière, non nacrée à l'intérieur.

Malletia obtusa, M. SARS.

Yoldia obtusa, M. Sars, *in* G. O. Sars, 1872. *Rem. deeps. Norv.*, p. 23, pl. 3, fig. 16-20. — *M. obtusa*, Sars, 1878. *Moll. Norv.*, p. 41, pl. 19, fig. 3. — Loc., 1898. *Exp. Trav.*, II, p. 331.

Subovalaire-transverse ; région antérieure étroitement arrondie ; la postérieure 2 fois plus longue et très haute, subarrondie ; bord inférieur très largement arqué ; sommets petits, peu saillants ; test mince lisse, brillant, olivâtre. — L. 12 ; H. 8 ; E. 4 millimètres.

Au large des côtes de Bretagne, à 880 mètres ; golfe de Gascogne, entre 50 et 1350 mètres ; au large de Marseille, cap Sicié, la Cassidagne, falaise Peyssonnel, entre 500 et 2000 mètres.

Malletia cuneata, JEFFREYS.

Solenella cuneata, Jeffr, 1873. *In Rep. Brit. assoc.*, p. 112. — *M. cuneata*, Mtr., 1875. *Nuova revista*, p. 11. — Loc., 1898. *Exp. Trav.*, II, p. 332.

Petit, cunéiforme ; région antérieure régulièrement arrondie, la postérieure plus de 2 fois plus large, allant en s'atténuant progressivement en hauteur et en épaisseur ; bord inférieur très largement arqué ; rostre postérieur médian ; test olivâtre jaunacé clair. — L. 7 ; H. 4 ; E. 3 1/2 millimètres.

Golfe de Gascogne, entre 1100 et 2020 mètres ; golfe du Lion, au delà de 250 mètres ; au large de Marseille, entre 550 et 1860 mètres.

Malletia excisa, PHILIPPI.

Nucula excisa, Phil., 1844. *En. Moll. Sicil.*, II, p. 46, pl. 15, fig. 4. — *M. excisa*, Jeffr , 1876. *New. Moll.*, p. 435. — Loc., 1896. *Camp. Caud.*, p. 201.

Petit, ovalaire-transverse ; région antérieure assez longue, étroitement arrondie, avec le rostre médian ; région postérieure à peine un peu plus longue, portant à l'extrémité une encoche plus ou moins profonde ; bord inférieur largement arqué ; sommets presque médians ; test jaunacé clair. — L. 8 ; H. 6 ; E. 4 millimètres.

Golfe de Gascogne, entre 650 et 960 mètres.

Malletia sinuosa, SEGUENZA.

Yoldia sinuosa, Seg., 1877. *In Accad. Lincei*, p. 1179, pl. 4, fig. 23. — *M. sinuosa*, Loc., 1896. *Camp. Caud.*, p. 202.

Très petit, ovalaire-transverse ; région antérieure un peu plus haute que large, arrondie, avec le rostre médian, la postérieure subégale, por-

tant un pli apico-rostral saillant, dominé par un rostre aigu et médian ;
bord inférieur largement arqué ; sommets peu saillants, médians. —
L. 2,4 ; H. 1,5 ; E. 1 millimètre.

Golfe de Gascogne, à 950 mètres.

Genre NUCULA, de Lamarck.

Conch. franç., p. 329.

A. — Groupe du *N. sulcata*.

Bord inférieur interne denticulé.

Nucula sulcata, DE LAMARCK.

Conch. franç., p. 329, fig. 312. — 1898. *Exp. Trav.*, II, p. 334.

Au large des côtes de Bretagne, entre 815 et 880 mètres ; golfe de
Gascogne, depuis la zone littorale jusqu'à 510 mètres ; golfe du Lion,
depuis la zone littorale jusqu'à 250 mètres ; au large de Marseille, Riou,
le Planier, la Cassidagne, cap Sicié, entre 5 et 700 mètres ; au large de
Villefranche, à 2660 mètres.

Nucula mucleata, LINNÉ.

Conch. franç., p. 330. — 1898. *Exp. Trav.*, II, p. 335.

Golfe de Gascogne, depuis la zone littorale jusqu'à 400 mètres ; golfe
du Lion depuis la même zone jusqu'à 250 mètres et au delà ; au large de
Marseille, Riou, le Planier, la Cassidagne, entre 4 et 500 mètres.

Nucula nitida, SOWERBY.

Conch. franç., p. 330. — 1896. *Camp. Caud.*, p. 201.

Golfe de Gascogne, depuis la zone littorale jusqu'à 180 mètres ; au
large des côtes de Bretagne, à 1125 mètres ; golfe du Lion, depuis la zone
littorale jusqu'à 250 mètres et au delà ; au large de Marseille, Riou, le
Planier, la Cassidagne, cap Sicié, entre 1 et 700 mètres.

Nucula tennis, MONTAGU.

Conch. franç., p. 330.

Au large des côtes de Bretagne, entre 495 et 1125 mètres.

Nucula striatissima, SEGUENZA.

N. sriatissima, Seg., 1877. *In Accad. Lincei*, p. 1166, pl. 1, fig. 1. — Loc.,
1898. *Exp. Trav.*, II, p. 336.

Trigone, presque subéquilatéral, à peine un peu plus large que haut, bien globuleux dans son ensemble ; rostres antérieur et postérieur un peu inférieurs ; test orné de stries concentriques et rayonnantes, très fines et assez rapprochées. — L. 5 ; H. 4 ; E. 2,2 millimètres.

Golfe de Gascogne, à 1190 mètres.

Nucula tumidula, Malm.

N. tumidula, Malm., 1880. *In Scand. nat. Forh.*, p. 621. — Loc., 1898. *Exp. Trav.*, II, p. 337.

Subtrigone-oblique ; région antérieure courte, un peu arrondie, la postérieure près de 3 fois plus grande, avec le rostre inférieur assez aigu ; bord inférieur bien arqué ; valves bombées, ornées de stries concentriques et rayonnantes très fines et très serrées. — L. 6 ; H. 5 ; E. 2 millimètres.

Au large des côtes de Bretagne, entre 495 et 880 mètres ; golfe de Gascogne, entre 900 et 2020 mètres ; golfe du Lion, au delà de 250 mètres ; au large de Marseille, Riou, falaise Peyssonnel, entre 200 et 700 mètres.

B. — Groupe du N. Ægeensis.

Bord inférieur interne lisse.

Nucula Ægeensis, Forbes.

N. Ægeensis, Forbes, 1843. *In Rep. Brit. assoc.*, p. 192. — Loc., 1898. *Exp. Trav.*, II, p. 338, pl. XIV, fig. 26-29.

Subovalaire-transverse et déclive ; région antérieure étroitement arrondie, la postérieure un peu plus grande, plus haute, avec le rostre plus inférieur ; bord inférieur largement arqué-oblique ; sommet un peu antérieur et assez saillant ; test brillant, d'un blanc jaunâtre, paraissant lisse. — L. 3 1/2 ; H. 3 ; E. 2 1/2 millimètres.

Golfe de Gascogne, entre 360 et 1190 mètres ; au large de Marseille, à 550 mètres.

Nucula corbuloides, Seguenza.

N. corbuloides, Seg., 1877. *In Accad. Lincei.* p. 1169, pl. 1. fig. 3. — Loc., 1898. *Exp. Trav.*, II, p. 339.

Voisin du *N. Ægeensis*, plus ovalaire-transverse, moins trigone ; région antérieure plus haute et plus arrondie ; rostre plus relevé et plus obtus ;

sommets moins saillants; bord inférieur plus arqué; test jaunacé clair, presque lisse, un peu brillant. — L. 3,1; H. 2,8; E. 1,4 millimètre.

Au large des côtes de Bretagne, à 1124 mètres; golfe de Gascogne, entre 605 et 1710 mètres.

Nucula umbonata, SEGUENZA.

N. umbonata, Seg., 1877. *In Accad. Lincei*, p. 1166, pl. 1, fig. 4. — Lo·., 1896. *Exp. Caud.*, p. 200.

Subovalaire-transverse ; région antérieure étroitement rostrée, la postérieure plus de deux 2 fois plus large, bien arrondie; les deux rostres presque médians; bord inférieur étroitement arqué; sommets antérieurs, renflés, saillants; bord interne, à peine subcrénelé; test verdâtre très clair, presque lisse et brillant. — L. 4,2; H. 3,5; E. 1,8 millimètre.

Golfe de Gascogne, à 650 mètres.

Nucula nitidissima, LOCARD.

N. nitidissima, Loc., 1896, *Camp. Caud.*, p. 200, pl. 6, fig. 5.

Subovalaire, allongé-transverse; région antérieure haute et bien arrondie, la postérieure 2 fois plus grande, presque aussi arrondie ; rostre un peu plus inférieur dans la région postérieure que dans l'antérieure; bord inférieur largement arqué; sommets un peu renflés, saillants ; test jaunacé, peu brillant, avec quelques zones concentriques. — L. 2 1/4; H. 1 3/4; E. 1 1/2 millimètre.

Golfe de Gascogne, à 950 mètres.

Genre LEDA, Schumacher.

Conch. franç., p. 331.

A. — Groupe du *L. pernula* (1).

Rostre plus ou moins anguleux.

Leda pernula, MÜLLER

Arca pernula, Müll., 1779. *In Besch. Berl. Ges. Naturf. Fr.*, IV, p. 57. — *L. pernula*, Jeffr., 1863-69. *Brit. conch.*, II, p. 158, V, p. 173.

(1) L'abondance des espèces appartenant au genre *Leda* signalées dans les dragages nous conduit à adopter ici un nouveau mode de groupement.

Ovalaire-oblong très allongé ; région antérieure grande, régulièrement arrondie, la postérieure 2 fois plus grande, terminée par un rostre très allongé et médian ; bord inférieur très largement arqué jusqu'à l'extrémité du rostre ; test jaunacé verdâtre. — L. 22 ; H. 11 ; E. 8 millimètres.

Au large des côtes de Bretagne, entre 495 et 915 mètres.

Leda minuta, MÜLLER.

Arca minuta, Müll., 1776. *Zool. Dan. Prodr.*, p. 247. — *L. minuta*, Jeffr., 1863-69. *Brit. conch.*, II. p. 155. pl. 4, fig. 2 ; V, p. 173, pl. 29, fig. 6.

Voisin du *L. pernula*, plus petit, plus haut, un peu moins rostré ; bord inférieur subsinué sous le rostre ; test orné de stries concentriques accusées. — L. 14 ; H. 6 ; E. 5 millimètres.

Au large des côtes de Bretagne, entre 495 et 880 mètres.

Leda fragilis, CHEMNITZ.

Conch. franç., p. 531. — 1893. *Exp. Trav.*, II, p. 341.

Au large des côtes de Bretagne, entre 495 et 1125 mètres ; fosse du cap Breton, entre 75 et 130 mètres ; golfe di Lion depuis la zone littorale, jusqu'à 250 mètres ; au large de Marseille, entre 4 et 200 mètres.

Leda Messanensis, SEGUENZA.

Leda Messanensis, Seg., *in* Jeffr., 1879. *In Proc. Zool. Soc. Lond.*, p. 576. — Loc., 1898. *Exp. Trav.*, II, p. 343.

Subovalaire-transverse, court, cunéiforme ; région antérieure un peu étroitement arrondie, la postérieure à peine plus longue, terminée par un rostre pointu, un peu infra-médian ; bord intérieur bien arqué ; sommets petits, peu saillans ; test jaunacé pâle, à peine striolé. — L. 4 1/2 ; H. 3 ; E. 1 1/2 millimètre.

Au large des côtes de Bretagne, entre 495 et 1125 mètres ; golfe de Gascogne, entre 360 et 1350 mètres ; golfe du Lion, au delà de 250 mètres ; au large de Marseille, falaise Peyssonnel, entre 500 et 2000 mètres.

Leda pustulosa, JEFFREYS.

Leda pustulosa, Jeffr., *in* Seg., 1877. *In Accad. Lincei*, p. 1177, pl. 3, fig. 17. — Loc., 1898. *Exp. Trav.*, II, p. 343.

Subovalaire, très court, subéquilatéral, renflé ; région inférieure bien arrondie, avec un rostre un peu supra-médian, la postérieure avec un rostre pointu arrondi en dessus, excavé en dessous ; bord inférieur bien

arrondi; test orné de stries concentriques et rayonnantes très fines. —
L. 3,3; H. 2,3; E. 1,8 millimètre.

Au large des côtes de Bretagne, entre 495 et 815 mètres; golfe de
Gascogne, à 1645 mètres.

Leda tenuis, PHILIPPI.

Leda tenuis, Phil., 1836. *En. Moll. Sicil.*, I, p. 65, pl. 5, fig. 9. — Loc. 1898.
Exp. Trav., II, p. 346.

Subovalaire-transverse, un peu allongé; région antérieure un peu étroitement arrondie, la postérieure à peine plus longue, terminée par un rostre
cunéiforme, médian, régulier; bord inférieur largement arqué; sommets
renflés; test lisse, jaunacé, brillant. — L. 4 1/2; H. 3; E. 1 3/4 millim.

Au large des côtes de Bretagne, entre 495 et 915 mètres; golfe de
Gascogne, entre 160 et 1710 mètres; golfe du Lion, au delà de
250 mètres; au large de Marseille, Maïré, le Planier, la Cassidagne,
entre 100 et 700 mètres.

Leda striolata, BRUGNONE.

Yoldia striolata, Brugn., 1876. *Miscel. malac.*, II, p. 9, fig. 9. — *L. striolata*,
Jeffr, 1879. *In Proc. Zool. Soc. Lond.*, p. 578. — Loc., 1898. *Exp. Trav.*,
II, p. 347.

Subovalaire-transverse, allongé; région antérieure largement arrondie,
la postérieure à peine plus longue, terminée par un rostre court et obtus;
bord inférieur très largement arqué; sommets peu saillants; test jaunacé pâle, avec des stries concentriques irrégulièrement espacées, très
fines. — L. 3; H. 2; E. 1 1/4 millimètre.

Au large des côtes de Bretagne, entre 815 et 880 mètres; golfe de
Gascogne, à 1355 mètres; golfe du Lion, au delà de 250 mètres; au
large de Marseille, la Cassidagne, entre 500 et 1885 mètres.

Leda pusio, PHILIPPI.

L. pusio, Phil., 1844. *En. Moll. Sicil.*, II, p. 47, pl. 15, fig. 5. — Loc., 1898.
Exp. Trav., II, p. 348, pl. 14, fig. 19-21.

Subovalaire-transverse et court; région antérieure haute et bien
arrondie, la postérieure un peu plus longue, avec un rostre obtus, médian,
subarrondi; test orné de stries concentriques assez accusées, presque
régulières. — L. 4 1/2; H. 5; E. 2 1/4 millimètres.

Au large des côtes de Bretagne, à 815 mètres; golfe de Gascogne,
entre 1020 et 1190 mètres.

Leda Salicensis, Seguenza.

L. pusio, var. Salicensis, Seg., 1877. *In Accad. Lincei*, p. 1178, pl. 4, fig. 20.
— Loc., 1898. *Exp. Trav.*, II, p. 349, pl. 14, fig. 22-25.

Voisin du *L. pusio*, comme allure du test ; taille plus forte, galbe plus transverse pour une même hauteur ; région antérieure plus haute et mieux arrondie, la postérieure plus longue avec un rostre plus allongé et retroussé ; sommets plus saillants. — L. 6 ; H. 5 ; E. 2 1,2 millimètres.

Golfe de Gascogne, entre 565 et 1960 mètres.

Leda lucida, Lovén.

Yoldia lucida, Lov., 1846. *Ind. Moll. Scand.*, p. 34. — *L. lucida*, Jeffr., 1863.
Brit. conch., II, p. 155. — Loc., 1898. *Exp. Trav.*, II, p. 351.

Ovalaire très transverse ; région antérieure arrondie, la postérieure un peu plus longue, avec un rostre très obtus, bien arrondi dans le bas, anguleux dans le haut ; bord inférieur très largement arqué ; bord apico-rostral presque horizontal ; sommets peu saillants ; test presque lisse. — L. 12 ; H. 7 ; E. 3 1/2 millimètres.

Au large des côtes de Bretagne, entre 495 et 1125 mètres ; golfe de Gascogne, entre 1030 et 1140 mètres ; golfe du Lion, au delà de 250 mètres.

B. — Groupe du *L. sericea*.

Rostre arrondi.

Leda sericea, Jeffreys.

L. sericea, Jeffr., 1879. *In Proc. Zool. Soc. Lond.*, p. 579, pl. 6, fig. 1.— Loc., 1898. *Exp. Trav.*, II, p. 352.

Subovalaire court ; région antérieure petite, peu haute, la postérieure 2 fois plus longue, notablement plus haute et bien plus largement arrondie ; bord inférieur arrondi, plus retroussé antérieurement que postérieurement, sommets très antérieurs ; test jaunacé clair. — L. 6 ; H. 4 ; E. 2 millimètres.

Au large des côtes de Bretagne, à 915 mètres ; golfe de Gascogne, entre 1710 et 1960 mètres.

Leda Jeffreysi, Hidalgo.

L. Jeffreysi, Hid., 1877. *Moll. Mar. Esp.*, p. 136. — Loc., 1898. *Exp. Trav.*, II, p. 353.

Voisin du *L. sericea*, galbe plus ovalaire-transverse ; région antérieure haute, bien arrondie, la postérieure 1 fois 1/2 plus large, plus étroitement arrondie et notablement moins haute ; bord inférieur largement arqué, également retroussé à ses deux extrémités ; sommets un peu antérieurs. — L. 4 ; H. 3 1/2 ; E. 3 1/2 millimètres.

Golfe de Gascogne, entre 565 et 1190 mètres.

Leda subæquilatera, JEFFREYS.

L. subæquilatera, Jeffr., 1879. *In Pr. Zool. Soc. Lond.*, p. 579, pl. 46, fig. 3.

Transversalement ovalaire-oblong, avec les sommets presque médians ; région antérieure régulièrement arrondie, la postérieure bien moins haute, mais moins longue ; bord inférieur bien plus arqué dans la région antérieure que dans la postérieure où il devient retroussé recto-oblique. — L. 4 1/2 ; H. 3 ; E. 1 1/2 millimètre.

Au large des côtes de Bretagne, entre 495 et 1125 mètres.

Leda pusilla, JEFFREYS.

L. pusilla, Jeffr., 1879. *In Proc. Zool. Soc. Lond.*, p. 580, pl. 46, fig. 6.

Subovale-arrondi, faiblement transverse ; sommets presque médians ; région antérieure à peine un peu plus haute que la postérieure, vaguement troncatulée, la postérieure arrondie et un peu basale ; bord inférieur largement arqué. — L. 1 1/2 ; H. 1 1/4 ; E. 3/4 millimètre.

Au large des côtes de Bretagne, entre 495 et 1125 mètres.

Leda minima, SEGUENZA.

Yoldia minima, Seg , 1887. *In Accad. Lincei*, p. 1178, pl. 5, fig. 27. — *L. minima*, Jeffr., 1879. *In Proc. Zool. Soc. Lond.*, p. 581. — Loc., 1898. *Exp. Trav.*, II, p. 355.

Subovale-arrondi, faiblement transverse ; sommets antérieurs ; région antérieure petite, haute, arrondie, la postérieure 2 fois plus large, presque aussi haute, arrondie dans le bas ; bord inférieur largement arqué, retroussé vers la région antérieure. — L. 2 ; H. 1,8 ; E. 1 millimètre.

Au large des côtes de Bretagne, à 1125 mètres.

Leda expansa, JEFFREYS.

L. expansa, Jeffr., 1879. *In Proc. Zool. Soc. Lond.*, p. 580, pl. 46, fig. 4. — Loc., 1898. *Exp. Trav.*, II, p. 354.

Régulièrement ovalaire-transverse ; région antérieure à peine un peu moins haute et un peu plus étroitement arrondie que la postérieure ; bord inférieur très largement arqué ; sommets médians ; test lisse et brillant. — L. 3 1/2 ; H. 2 ; E. 1/4 millimètre.

Golfe de Gascogne, entre 565 et 1190 mètres.

MYTILIDÆ

Conch. franç., p. 332.

Genre MODIOLA, de Lamarck.

Conch. franç., p. 337.

A. — Groupe du *M. barbata*.

Région antérieure très étroite; sommets presque antérieurs ; épiderme peu caduc.

Modiola mytiloides, LOCARD.

Conch. franç., p. 337. — 1898. *Exp. Trav.*, II, p. 359.

Au large de Marseille, cap Sicié, depuis la zone littorale jusqu'à 445 mètres.

Modiola phaseolina, PHILIPPI.

Conch. franç., p. 338.

Golfe de Gascogne, entre 175 et 250 mètres ; golfe du Lion, depuis la zone littorale jusqu'à 250 mètres et au delà ; au large de Marseille, Riou, le Planier, entre 4 et 200 mètres (1),

B. — Groupe du *M. polita*.

Epiderme nul ou paraissant nul.

Modiola polita, VERRILL ET SMITH.

M. polita, Verr., Smith., 1880. *In Amér. Journ. Sc.*, XX, p. 390 et 400. — Loc., 1898. *Exp. Trav.*, II, p. 357.

Subtriangulaire assez allongé ; région antérieure extrêmement petite, la postérieure haute et bien arrondie à son extrémité ; angle postéro-dorsal presque nul ; arête apico-rostrale très émoussée ; test lisse, très brillant, d'un beau jaune clair passant au brun acajou. — L. 45 à 50 ; H. 26 à 28; E. 15 à 17 millimètres.

Golfe de Gascogne, entre 745 et 1355 mètres.

(1) Citons pour mémoire une forme indéterminée, voisine du *Modiola barbata* (*Conch. franc.*, p. 337, fig. 318), draguée dans le golfe de Gascogne par le Caudan (Loc., 1896. *Camp. Caud.*, p. 205), à 180 mètres de profondeur.

Genre MODIOLARIA, Beck.

Conch. franç., p. 340.

A. — Groupe du *M. sulcata*.

Région antérieure lisse ; région postérieure costulée.

Modiolaria subclavata, Libassi.

Modiola subclavata, Libassi, 1859. *In Atti Panorm.*, III, p. 13, fig. 7. — *M. gibberula*, Loc., 1892. *Conch. franç.*, p. 340. — *M. subclavata*, Loc., 1898. *Exp. Trav.*, II, p. 363 (1).

Golfe de Gascogne, à 1160 mètres.

B. — Groupe du *M. marmorata*.

Régions antérieure et postérieure costulées ; région médiane lisse.

Modiolaria marmorata, Forbes.

Conch. franç., p. 341, fig. 221. — 1898. *Exp. Trav.*, II, p. 360.

Golfe de Gascogne, depuis la zone littorale jusqu'à 1080 mètres ; fosse du cap Breton, à 145 mètres.

Modiolaria costulata, Risso.

Conch. franç., p. 341.

Golfe du Lion, depuis la zone littorale jusqu'à 250 mètres ; au large de Marseille, Riou, le Planier, entre 10 et 200 mètres.

Modiolaria Fischeri, Locard.

M. Fischeri, 1898. *Exp. Trav.*, II, p. 361, pl. 15, fig. 1-4.

Cunéiforme très étroitement transverse et déclive, renflé dans le haut, atténué au rostre ; région antérieure étroitement arrondie, la postérieure extrêmement développée, terminé par un rostre acuminé et un peu supérieur ; test mince, orné de stries concentriques très fines, rapprochées, régulières dans la région antérieure, et de cordons rayonnants très fins dans la postérieure. — L. 13 ; H. 8 ; E. 4 millimètres.

Golfe de Gascogne, entre 1020 et 1190 mètres.

____

(1) Dans un récent mémoire, M. Dautzenberg (1898. *Coup d'œil sur les faunes du département de la Loire-Inférieure*, p. 17), après examen du type du *Modiola gibberula* de la collection Caillaud, a reconnu qu'il y avait lieu de l'assimiler au *M. divaricata* Philippi, de la mer des Antilles.

Genre DACRYDIUM, Torell.
Conch. franç., p. 342.

Dacrydium vitreum, Holböll.

Conch. franç., p. 342, fig. 323. — 1898. *Exp. Trav.*, II, p. 364.

Au large des côtes de Bretagne, entre 3405 et 3970 mètres ; golfe de Gascogne, depuis la zone corallienne jusqu'à 2020 mètres ; golfe du Lion, depuis la zone herbacée jusqu'à 250 mètres et au delà ; au large de Marseille, la Cassidagne, entre 40 et 700 mètres.

AVICULIDÆ
Conch. franç., p. 343.

Genre AVICULA, de Lamarck
Conch. franç., p. 344.

Avicula Tarentina, de Lamarck.

Conch. franç., p. 344, fig. 325. — 1898. *Exp. Trav.*, II, p. 366.

Côtes océaniques à 130 mètres ; golfe de Gascogne, à 305 mètres ; golfe du Lion, depuis la zone littorale jusqu'à 250 mètres et au delà ; au large de Marseille, Riou, le Planier, Maïré, la Cassidagne, de 5 à 700 mètres.

Genre PINNA, Linné.
Conch. franç., p. 344.

Pinna pectinata, Linné.

Conch. franç., p. 344, fig. 326. — 1898. *Exp. Trav.*, II, p. 369, pl. 15, fig. 27.

Golfe de Gascogne, entre 90 et 135 mètres ; golfe du Lion, depuis la zone littorale jusqu'à 250 mètres.

Pinna truncata, Philippi.

Conch. franç., p. 345. — 1896. *Camp. Caud.*, p. 206.

Golfe de Gascogne, à 180 mètres.

Pinna pernula, Chemnitz.

Pinna pernula, Chemn., 1785. *Conch. cab.*, VIII, p. 247, pl. 92, fig. 785. — *P. mucronata*, Poli, *in* Loc., 1892. *Conch. franç.*, p. 345.

Golfe du Lion, depuis la zone herbacée jusqu'à 250 mètres ; au large de Marseille, Riou, le Planier, entre 100 et 200 mètres.

PECTINIDÆ
Conch. franç., p. 345.

Genre PECTEN, Müller.
Conch. franç., p. 346.

A. — Groupe du *P. maximus*.

Coquille grande; valve inférieure bombée; valve supérieure plane; oreilles égales, 15 à 16 grosses côtes.

Pecten maximus, LINNÉ.
Conch. franç., p. 346, fig. 327. — 1898. *Exp. Trav.*, II, p. 371.

Golfe de Gascogne, depuis la zone herbacée jusqu'à 180 mètres.

B. — Groupe du *P. varius*.

Taille moyenne; valves subégales, aplaties; oreilles très inégales; côtes plus ou moins nombreuses, toujours étroites.

Pecten varius, LINNÉ.
Conch. franç., p. 347, fig. 328. — 1898. *Exp. Trav.*, II, p. 375.

Golfe du Lion, depuis la zone littorale jusqu'à 250 mètres; au large de Marseille, Maïré, le Planier, Riou, entre 2 et 200 mètres.

Pecten Islandicus, MÜLLER.
P. Islandicus, Müll., 1776. *Zool. Dan. Prodr.*, p. 348. — Loc., 1896. *Camp. Caud.*, p. 207.

Grand, suborbiculaire, subdéprimé, à peine un peu plus haut que large; 75 à 85 côtes rayonnantes, subégales, arrondies, rapprochées; co'oration d'un rouge orangé, avec 4 ou 5 zones concentriques plus colorées. — L. 80 à 85 ; H. 82 à 86; E. 25 millimètres.

Golfe de Gascogne, entre 240 et 400 mètres.

Pecten multistriatus, POLI.
Conch. franç., p. 347. — 1898. *Exp. Trav.*, II, p. 377.

Golfe de Gascogne, depuis la zone corallienne jusqu'à 500 mètres; fosse du cap Breton, entre 105 et 235 mètres; golfe du Lion, depuis la zone littorale jusqu'à 250 mètres; au large de Marseille, Maïré, le Planier, entre 100 et 200 mètres.

Pecten distortus, DA COSTA.

Conch. franç., p. 147. — 1898. *Exp. Trav.*, II, p. 378.

Golfe de Gascogne et au large des côtes océaniques de la Bretagne, depuis la zone littorale jusqu'à 2285 mètres.

Pecten Bruei, PAYRAUDEAU.

Conch. franç., p. 347. — 1898. *Exp. Trav.*, II, p. 370, pl. 17, fig. 1-6.

Golfe de Gascogne, entre 180 et 1710 mètres ; golfe du Lion, depuis la zone herbacée jusqu'à 250 mètres ; au large de Marseille, Maïré, le Planier, entre 100 et 250 mètres.

Pecten sulcatus, MÜLLER.

P. sulcatus, Müll., 1776. *Zool. Dan. Prodr.*, p. 248. — Loc., 1898. *Exp. Trav.*, II, p. 393.

Suborbiculaire, comprimé ; valve supérieure ornée de 10 grosses côtes rayonnantes arrondies formées de petites costulations épineuses, les grosses côtes alternant avec 2 ou 3 autres plus petites ; valve inférieure ornée de 10 larges côtes aplaties, constituées chacune par 4 petites côtes subégales et rapprochées ; oreilles très inégales ; test rugueux ; coloration d'un rouge plus ou moins vif, plus pâle en dessous. — L. 18 à 22 ; H. 20 à 24 ; E. 3 1/2 à 5 millimètres.

Au large des côtes de Bretagne, entre 495 et 1125 mètres.

C. — Groupe du *P. opercularis*.

Taille moyenne ; galbe arrondi ; oreilles subégales, 10 à 20 côtes rayonnantes étroites et arrondies.

Pecten opercularis, LINNÉ.

Conch. franç., p. 348, fig. 329. — 1898. *Exp. Trav.*, II, p. 381.

Au large des côtes de Bretagne, entre 420 et 1135 mètres ; golfe de Gascogne, depuis la zone herbacée jusqu'à 180 mètres ; golfe du Lion, depuis la zone herbacée jusqu'à 250 mètres ; au large de Marseille, Maïré, Riou, le Planier, entre 35 et 200 mètres.

Pecten solidulus, REEVE.

P. solidulus, Reeve, 1853. *Ic. Conch.*, pl. 33, fig. 115. — *P. commutatus*, Loc., 1898. *Conch. franç.*, p. 348. — *P. solidulus*, Loc., 1898. *Exp. Trav.*, II, p. 333, pl. 18, fig. 17-19.

Golfe de Gascogne, fosse du cap Breton *(teste* Jeffreys).

Pecten subsulcatus, Locard.

P. sulcatus, Born, *in* Loc., 1892. *Conch. franç.*, p. 349 *(non* Müller). — *P. subsulcatus*, Loc., 1898. *Exp. Trav.*, II, p. 387, pl. 17, fig. 5-11.

Au large de Marseille, cap Sicié, à 555 mètres.

D. — Groupe du *P. glaber.*

Taille moyenne, galbe arrondi-comprimé; oreilles latérales grandes; 5 à 7 côtes très larges et plates.

Pecten anisopleurus, Locard.

Conch. franç., p. 350.

Golfe du Lion, depuis la zone herbacée jusqu'à 250 mètres.

Pecten septemradiatus, Müller.

Conch. franç., p. 351. — 1898. *Exp. Trav.*, II, p. 389, pl. 18, fig. 12-16.

A l'entrée de la Manche, à 351 mètres; au large des côtes de Bretagne, entre 495 et 1125 mètres; golfe de Gascogne, entre 390 et 565 mètres; golfe du Lion, au delà de 250 mètres; au large de Marseille, falaise Peyssonnel, entre 500 et 700 mètres.

Pecten amphicyrtus, Locard.

Conch. franç., p. 351.

Côtes de l'Atlantique, depuis la Manche jusqu'au bas Médoc, depuis la zone herbacée jusqu'au delà de la zone corallienne.

E. — Groupe du *P. clavatus.*

Taille assez petite; galbe plus ou moins comprimé; 5 à 7 grosses côtes étroites; oreilles petites et subégales.

Pecten clavatus, Poli.

Conch. franç., p. 351, fig. 331. — 1898. *Exp. Trav.*, II, p. 391.

Golfe de Gascogne, depuis 135 jusqu'à 1145 mètres; golfe du Lion, depuis la zone herbacée jusqu'à 250 mètres; au large de Marseille, Maïré, le Planier, entre 2050 et 555 mètres.

Pecten flexuosus, Poli.

Conch. franç., p. 352. — 1898. *Exp. Trav.*, II, p. 392.

Golfe de Gascogne, entre 390 et 410 mètres; golfe du Lion, depuis la zone herbacée jusqu'à 250 mètres; au large de Marseille, Maïré, Riou, le Planier, entre 100 et 400 mètres.

Pecten flagellatus, DE LAMARCK.

Conch. franç., p. 352.

Golfe du Lion, depuis la zone herbacée jusqu'à 250 mètres.

F. — Groupe du *P. tigrinus*.

Coquille assez petite ; galbe peu renflé ; côtes très nombreuses et très fines ; oreilles inégales.

Pecten tigrinus, MÜLLER.

Conch. franç., p. 352, fig. 332. — 1896. *Camp. Caud.*, p. 212.

Golfe de Gascogne, depuis la zone herbacée jusqu'à 600 mètres.

Pecten lævis, PENNANT.

Conch. franç., p. 353. — 1896. *Camp. Caud.*, p. 214.

Golfe de Gascogne, depuis la zone herbacée jusqu'à 180 mètres.

Pecten striatus, MÜLLER.

Conch. franç., p. 353.

Golfe de Gascogne, depuis la zone corallienne jusqu'à 300 mètres ; golfe du Lion, depuis la zone corallienne jusqu'à 250 mètres ; au large de Marseille, Maïré, le Planier, entre 100 et 250 mètres.

G. — Groupe du *P. hyalinus*.

Coquille petite, déprimée ; test hyalin ; côtes obsolètes ; oreilles subégales.

Pecten similis, LASKAY.

Conch. franç., p. 353. — 1898. *Exp. Trav.*, II, p. 395.

Au large des côtes de Bretagne, entre 495 et 1125 mètres ; golfe de Gascogne, depuis la zone corallienne jusqu'à 145 mètres ; golfe du Lion, depuis la zone herbacée jusqu'à 250 mètres ; au large de Marseille, Riou, Maïré, le Planier, entre 100 et 250 mètres.

Pecten incomparabilis, RISSO.

Conch. franç., p. 354. — 1898. *Exp. Trav.*, II, p. 394.

Golfe de Gascogne, entre 135 et 400 mètres ; golfe du Lion, depuis la zone herbacée jusqu'à 250 mètres ; au large de Marseille, Riou, Maïré, le Planier, entre 10 et 250 mètres.

Pecten vitreus, Chemnitz.

Conch. franç., p. 354. — 1898. *Exp. Trav.*, II, p. 396.

Au large des côtes de Bretagne, entre 420 et 1125 mètres; golfe de Gascogne, depuis la zone corallienne jusqu'à 1700 mètres; golfe du Lion, au delà de 250 mètres; au large de Marseille, falaise Peyssonnel, plateau Marsilli, entre 350 et 700 mètres.

Pecten abyssorum, Lovén.

P. abyssorum, Lov., *in* Sars, 1878. *Moll. Norv.*, p. **22,** pl. 2, fig. 6. — Loc., 1898. *Exp. Trav.*, II, p. 398.

Voisin du *P. vitreus*, plus transversalement arrondi, bord inférieur plus élargi; région postérieure à profil plus droit; oreilles moins allongées, celles de la région postérieure plus courtes et moins échancrées; test papyracé, blanc grisâtre, hyalin, sans aucunes traces de granulations. — L. 10 à 11; H. 9 à 10; E. 3 millimètres.

Golfe de Gascogne, entre 815 et 1410 mètres; fosse du cap Breton, à 435 mètres.

Pecten Groenlandicus, Sowerby.

P. Groenlandicus, Sorv., 1847. *Thes. conch.*, I, p. 57, pl. 13, fig. 40. — Loc., 1898. *Exp. Trav.*, II, p. 399.

Voisin du *P. vitreus*, moins haut, beaucoup plus ovalaire-transverse; région antérieure à profil moins droit, plus excavé sous l'oreille; oreilles grandes, subégales; test lisse, papyracé, blanc grisâtre, hyalin, pellucide. — L. 15; H. 14; E. 3 1/2 millimètres.

Au large des côtes de Bretagne, entre 420 et 880 mètres; golfe de Gascogne, entre 700 et 1410 mètres.

Pecten Biscayensis, Locard.

P. Biscayensis, Loc., 1886. *Prodr.*, p. 516. — 1898. *Exp. Trav.*, II, p. 400.

Subarrondi, comprimé, légèrement inéquilatéral et transverse; région antérieure haute, largement arrondie, la postérieure plus large, mais moins haute; oreilles petites; bord inférieur un peu étroitement arqué; test mince, papyracé, blanc grisâtre, hyalin, orné de zones concentriques peu saillantes. — L. 20; H. 16; E. 3 1/2 millimètres.

Golfe de Gascogne, à 1355 mètres.

Genre AMUSSIUM, Klein.

Coquille suborbiculaire-comprimée, légèrement bâillante, reposant sur la valve inférieure; sommets médians peu saillants; oreilles petites; valves minces, munies à l'intérieur de côtes rayonnantes.

Amussium Hoskynsi, FORBES.

> *Pecten Hoskynsi*, Forb., 1844. *Rep. Æg. inv.*, p. 148 et 192. — *A. Hoskynsi*, Jeffr., 1879. *In Proc. Zool. Soc. Lond.*, p. 562. — Loc., 1896. *Exp. Trav.*, II, p. 403.

Suborbiculaire-comprimé, presque équilatéral ; oreilles antérieures bien plus grandes que les postérieures ; valve inférieure ornée de petits cordons concentriques étroits, plus ou moins atténués; valve supérieure munie de 20 à 22 côtes rayonnantes chargées de grosses imbrications. — L. et H. 7 ; E. 1 1/2 millimètre.

Au large des côtes de Bretagne, entre 495 et 1125 mètres ; golfe de Gascogne, entre 360 et 510 mètres ; au large de Marseille, falaise Peyssonnel, plateau Marsilli, la Cassidagne, entre 500 et 700 mètres.

Amussium fenestratum, FORBES.

> *Pecten fenestratus*, Forb., 1843. *Rep. Æg. inv.*, p. 146 et 192. — *A. fenestratum*, Jeffr., 1879. *In Proc. Zool. Soc. Lond.*, p. 561. — Loc., 1898. *Exp. Trav.*, II, p. 405.

Suborbiculaire-comprimé, presque équilatéral; oreilles subégales ; valve inférieure ornée de cordons concentriques fins, rapprochés, réguliers, saillants; valve supérieure armée de cordons concentriques et de cordons rayonnants un peu plus forts et bien plus espacés. — L. et H. 5 à 6; E. 1 1/2 à 2 millimètres.

Golfe de Gascogne, entre 145 et 1355 mètres ; golfe du Lion depuis la zone herbacée jusqu'à 250 mètres et au delà ; au large de Marseille, falaise Peyssonnel, plateau Marsilli, la Cassidagne, entre 350 et 700 mètres.

Amussium lucidum, JEFFREYS.

> *Pleuronectia lucida*, Jeffr., *In* Wyv. Thoms., 1853. *Depths of sea*, p. 464, fig. 78. — *A. lucidum*, Jeffr., 1876. *In Ann. mag. nat. Hist.*, p. 495. — Loc., 1898. *Exp. Trav.*, II, p. 406.

Arrondi, à peine un peu plus haut que large; régions antérieure et postérieure hautes; oreilles subégales, petites ; valve supérieure ornée de stries concentriques d'accroissement presque obsolètes, ainsi que la valve

inférieure; à l'intérieur 9 côtes étroites visibles même en   dehors.—
L. et H. 12 ; E. 2 millimètres.

Au large des côtes de Bretagne, à 815 mètres; golfe de Gascogne,
entre 1110 et 2020 mètres.

Genre LIMA, Bruguière.
Conch. franç., p. 354.

Lima Marioni, P. FISCHER.

L. Marioni, P. Fischer, 1882. *In Journ. conch.*, XXX, p. 52. — Loc., 1898
Exp. Trav., II, p. 410, pl. 15, fig. 15-19.

Suborbiculaire-déprimé, à peine un peu plus haut que large ; région
antérieure moins haute et plus anguleuse que la postérieure; oreilles
petites, presque nulles dans la région antérieure; test solide, épaissi,
blanchâtre, orné d'environ 40 côtes fortes, arrondies, subépineuses,
très rapprochées. — L. 20 à 38 ; H. 21 à 40 ; E. 11 à 18 millimètres.

Golfe de Gascogne, entre 1220 et 1710 mètres.

Lima squamosa, DE LAMARCK.

Conch. franç., p. 354, fig. 334. — 1898. *Exp. Trav.*, II, p. 414.

Golfe du Lion, depuis la zone littorale jusqu'à 250 mètres; au large
de Marseille, Maïré, le Planier, entre 100 et 250 mètres.

Lima Loscombi, J. B. SOWERBY.

Conch. franç., p. 355. — 1898. *Exp. Trav.*, II, p. 412.

Golfe de Gascogne, depuis la zone herbacée jusqu'à 155 mètres.

Lima Jeffreysi, P. FISCHER.

L. Jeffreysi, P. Fisch., 1882. *In Journ. conch.*, XXX, p. 52. — Loc., 1898.
Exp. Trav., II, p. 415, pl. 15, fig. 20-23.

Ovalaire-renflé, allongé en hauteur, subéquilatéral, presque droit ;
région antérieure à peine un peu plus étroite que la postérieure ; oreilles
subégales ; bord inférieur très étroitement arrondi ; test mince, fragile,
pellucide, blanchâtre, orné de 22 côtes rayonnantes, étroites, arrondies,
imbriquées. — L. 8 ; H. 11 ; E. 7 millimètres.

Golfe de Gascogne, entre 1100 et 1110 mètres.

Lima subauriculata, MONTAGU.

Conch. franç., p. 355. — 1898. *Exp. Trav.*, II, p. 416.

Au large des côtes de Bretagne, entre 495 et 880 mètres; golfe de

Gascogne, depuis la zone corallienne jusqu'à 1145 mètres; golfe du Lion, depuis la zone littorale jusqu'à 250 mètres et au delà; au large de Marseille, Riou, le Planier, la Cassidagne, falaise Peyssonnel, entre 5 et 700 mètres.

Lima elliptica, JEFFREYS.

L. elliptica, Jeffr., 1863. *Brit. conch.*, II, p. 81 ; 1889, V, p. 70, pl. 25, fig. 2.
— Loc., 1898. *Exp. Trav.*, II, p. 418.

Voisin du *L. subauriculata*, taille plus forte, galbe un peu moins étroitement elliptique ; régions antérieure et postérieure plus arquées ; costulations longitudinales un peu plus atténuées, plus régulières; bord inférieur moins étroitement arqué.—L. 8 à 9 ; H. 10 à 15 ; E. 4 à 6 millimètres.

Au large des côtes de Bretagne, à 1125 mètres ; golfe de Gascogne, entre 165 et 1110 mètres; golfe du Lion, depuis la zone littorale jusqu'à 250 mètres et au delà; au large de Marseille, falaise Peyssonnel, entre 5 et 700 mètres.

Lima Sarsi, LOVÉN.

L. Sarsi, Lov., 1846. *Moll. Scand.*, p. 32. — Loc., 1898. *Exp. Trav.*, II, p. 419.

Presque régulièrement ovalaire, renflé, un peu plus haut que large ; régions antérieure et postérieure subégales ; bord inférieur bien arrondi ; oreilles relativement grandes; test solide, orné d'environ 30 côtes arrondies, assez fortes, rapprochées, imbriquées. — L. 3 ; H. 4 ; E. 3 millimètres.

Au large des côtes de Bretagne, entre 495 et 1125 mètres; golfe de Gascogne, à 2020 mètres ; golfe du Lion, depuis la zone herbacée jusqu'à 250 mètres et au delà; au large de Marseille, falaise Peyssonnel, plateau Marsilli, entre 500 et 2000 mètres.

SPONDYLIDÆ

Conch. franç., p. 356.

Genre SPONDYLUS, Linné.

Conch. franç., p. 356.

Spondylus Gussoni, O.-G. COSTA.

Conch. franç., p. 356. — 1896. *Exp. Trav.*, II, p. 240, pl. 18, fig. 1-8.

Golfe de Gascogne, entre 315 et 1110 mètres; golfe du Lion, depuis la zone herbacée jusqu'à 250 mètres ; au large de Marseille, plateau Marsilli, entre 300 et 450 mètres.

OSTREIDÆ
Conch. franç., p. 357.

Genre OSTREA, Linné.
Conch. franç., p. 357.

Ostrea cochlearis, Poli.

Conch. franç., p. 359. — 1898. *Exp. Trav.*, II, p. 422.

Côtes océaniques, à 130 mètres; golfe de Gascogne, entre 160 et 400 mètres; fosse du cap Breton, entre 65 et 145 mètres; golfe du Lion, au delà de 250 mètres; au large de Marseille, à 555 mètres.

Genre ANOMIA, Linné.
Conch. franç., p. 259.

A. — Groupe de l'*A. ephippia*.

Trois impressions musculaires, lisses et distinctes.

Anomia ephippia, Linné.

Conch. franç., p. 259, fig. 338. — 1893. *Exp. Trav.*, II, p. 425.

Au large de la Bretagne, entre 420 et 1125 mètres; golfe de Gascogne, depuis la zone littorale jusqu'à 1710 mètres; fosse du cap Breton, entre 40 et 145 mètres; golfe du Lion, depuis la zone littorale jusqu'à 250 mètres et au delà; au large de Marseille, entre 2 et 700 mètres.

B. — Groupe de l'*A. patelliformis*.

Deux impressions musculaires non lisses et peu distinctes.

Anomia patelliformis, Linné.

Conch. franç., p. 360, fig. 339. — 1898. *Exp. Trav.*, II, p. 427.

Golfe du Lion, depuis la zone littorale jusqu'à 250 mètres; au large de Marseille, Riou, le Planier, la Cassidagne, jusqu'à 200 mètres.

Anomia glauca, DE MONTEROSATO.

Conch. franç., p. 361.

Golfe de Gascogne, entre 155 et 165 mètres.

Anomia aculeata, MÜLLER.

Conch. franç., p. 361. — 1898. *Exp. Trav.*, II, p. 428.

Golfe de Gascogne, entre 20 et 300 mètres.

Anomia margaritacea, POLI.

A. margaritacea, Poli, 1795. *Test. utr. Sicil.*, II, p. 186, pl. 30, fig. 11. — Loc., 1898. *Prodr.*, p. 523.

Petit, assez régulièrement arrondi, aplati ; sommets petits, un peu saillants ; test mince, lisse, nacré, brillant en dehors comme en dedans des valves. — L. et H. 5 à 6 ; E. 1 à 2 millimètres.

Au large de Saint-Raphaël (Var), zone corallienne et au delà.

BRACHIOPODA

RHYNCHONELLIDÆ

Coquille moyenne, subovalaire, inéquivalve avec un pli médian et un sinus plus ou moins accusé ; crochet saillant avec une ouverture triangulaire logée dans la partie concave ; test fibreux ; à l'intérieur, septums, plaques dentales et fovéales, et deux supports branchiaux, courts et recourbés.

Genre RHYNCHONELLA, Fischer de Waldheim.

Coquille subtrigone, bombée ; crochet recourbé, acuminé ; foramen accompagné de deux pièces deltoïdales.

Rhynchonella cornea, P. Fischer.

R. cornea, P. Fisch., *in* Davids., 1886. *In Trans. Lin. Soc. Lond.*, IV, p. 17, 1, pl. 25, fig. 2-4. — P. Fisch. et Œhl., 1891. *Exp. Trav.*, p. 13, pl. 1, fig. 2.

Subtrigone, un peu plus haut que large ; contours latéraux subrectilignes ; commissure palléale droite ; test fibreux, mince, translucide, orné de stries rayonnantes régulières, fines et serrées, obsolètes. — L. 18 à 35 ; H. 23 à 36 ; E. 11 à 13 millimètres.

A l'Ouest de la Bretagne, à 1261 mètres ; golfe de Gascogne, à 2020 mètres.

TEREBRATULIDÆ

Conch. franç., p. 362.

Genre TEREBRATULA, Llhwyd.

Conch. franç., p. 362.

Terebratula vitrea, GMELIN.

Conch. franc., p. 362, fig. 340. — P. Fisch. et Œhl., 1898. *Exp. Trav.*, I. p. 51, pl. 3, fig. 7.

Golfe de Gascogne, entre 400 et 1700 mètres; golfe du Lion, au delà de 250 mètres ; au large de Marseille, à 555 mètres.

Terebratula sphenoidea, PHILIPPI.

T. sphenoidea, Phil., 1844. *Moll. Sicil.*, II, p. 67, pl. 18, fig. 6. — P. Fisch., et Œhl., 1892. *Exp. Trav.*, p. 58, pl. 2, fig. 8.

Subtrigone-allongé, le maximum de largeur logé aux 2/3 de la hauteur ; contours latéraux arqués ; bord inférieur presque droit ; commissure palléale un peu sinueuse ; test mince, translucide, jaunacé, avec quelques stries rayonnantes obsolètes. — L. 19 ; H. 24 ; E. 14 millimètres.

Golfe de Gascogne, entre 510 et 2020 mètres ; au large de Marseille, à 555 mètres.

Genre TEREBRATULINA, d'Orbigny.

Conch. franç., p. 363.

Terebratulina caput-serpentis, LINNÉ.

Conch. franç., p. 363, fig. 341. — P. Fisch. et Œhl., 1891. *Exp. Trav.*, p. 29, pl. 1, fig. 4.

Golfe de Gascogne, depuis la zone corallienne jusqu'à 1215 mètres ; golfe du Lion, au delà de 250 mètres ; au large de Marseille, entre 445 et 555 mètres.

Genre DYSCOLIA, P. Fischer et Œhlert.

Coquille grande, subtrigone ; valves convexes, sans pli ni sinus médian, ornées de côtes rayonnantes formant des zigzags sur le bord palléal ; crochet court, tronqué par un foramen circulaire ; test épais, finement ponctué.

Dyscolia Wyvillei, DAVIDSON.

Terebratula Wyvillei, David., 1878. *In Proc. Roy. Soc.*, XXVII, p. 436. — *D. Wyvillei*, P. Fisch. et Œhl., 1890. *In Journ. conch.*, XXXVIII, p. 70. — 1891. *Exp. Trav.*, p. 23, pl. 6, fig. 3.

Subtrigone, un peu plus haut que large ; bords latéraux faiblement convexes ; région palléale méplane verticalement, à contour ondulé ; test orné de petites côtes peu saillantes, flexueuses, séparées par des intervalles plans, 5 à 6 fois plus larges, devenant ondulés à la base ; coloration blanc-jaunacé. — L. 47 ; H. 55 ; E. 26 millimètres.

Golfe de Gascogne, à 900 mètres.

Genre EUCALATHIS, P. Fischer et Œhlert.

Coquille de petite taille, auriculée, à valves convexes, couvertes de plis rayonnants très accusés ; crochet à peine recourbé ; pas de septum interne.

Eucalathis tuberata, JEFFREYS.

Terebratula tuberata, Jeffr., 1878. *In Proc. Zool. Soc. Lond.*, p. 401, pl. 22, fig. 2. — *E. tuberata*, P. Fisch. et Œhl., 1891. *Exp. Trav.*, p. 43, pl. 2, fig. 5.

Subtrigone un peu plus haut que large ; contour latéral droit, dans le haut puis largement arqué ; bord palléal arrondi ; 30 ou 32 côtes rayonnantes arrondies, alternées, très accusées, inégales, séparées par des intervalles plus étroits, recoupées par des stries concentriques formant des mamelons sur les côtes. — L. 2 1/2 ; H. 3 ; E. 2 millimètres.

Golfe de Gascogne, entre 895 et 2020 mètres.

Eucalathis ergastica, P. FISCHER ET ŒHLERT.

E. ergastica, P. Fisch. et Œhl., *In Journ. conch.*, XXXVIII, p. 73. — 1891. *Exp. Trav.*, p. 48, pl. 3, fig. 6.

Voisin de l'*E. tuberata*, taille plus forte, un peu moins renflé ; test orné de 18 à 22 côtes rayonnantes, subanguleuses, jointives à la base, subégales, recoupées par des stries concentriques fines, formant de légères nodulations sur les côtes. — L. 6 1/2; H. 7; E. 4 millimètres.

Golfe de Gascogne, entre 895 et 2020 mètres.

Genre MAGELLANIA, Bayle.
Conch. franç., p. 363.

Magellania septigera, Lovén.

Terebratula septigera, Lov., 1846. *Moll. Scand.*, p. 29. — *M. septigera*, P. Fisch. et Œhl., 1891. *Exp. Trav.*, p. 64. pl. 4, fig. 9; pl. 5, fig. 9.

Subpentagonal; contour latéral droit dans le haut, convexe dans le bas; bord palléal tronqué droit avec la commissure légèrement sinueuse; valve supérieure très fortement bombée; valve inférieure bien moins bombée; test mince, jaunacé, ponctué. — L. 29; H. 30; E. 21 millimètres.

Au large des côtes de Bretagne, entre 495 et 1125 mètres; golfe de Gascogne, entre 520 et 1700 mètres; golfe du Lion, au delà de 250 mètres; au large de Marseille, à 555 mètres.

Magellania cranioides, Müller.

Conch. franç., p. 363, fig. 342. — *M. cranium*, P. Fisch. et Œhl., 1891. *Exp. Trav.*, p. 72, pl. 5, fig. 10.

À l'ouest des îles d'Ouessant et vers l'entrée de la Manche, entre 495 et 1260 mètres; golfe de Gascogne, depuis la zone corallienne jusqu'à 1960 mètres; au large de Marseille, à 555 mètres.

Genre MUHLFELDIA, Bayle.
Conch. franç., p. 363.

Muhlfeldia truncata, Linné.

Conch. franç., p. 364, fig. 343. — P. Fisch. et Œhl., 1891. *Exp. Trav.*, p. 80, pl. 7, fig. 11.

Golfe de Gascogne, depuis la zone corallienne jusqu'à 550 mètres; fosse du cap Breton, entre 65 et 435 mètres; golfe du Lion, au delà de 250 mètres; au large de Marseille, à 555 mètres.

Muhlfeldia monstrosa, Scacchi.

Terebratula monstrosa, Scacchi, 1833. *Osserv. zool.*, II, p. 1. — *M. monstrosa*, P. Fisch. et Œhl., 1891. *Exp. Trav.*, p. 87, pl. 7, fig. 12.

Voisin du *M. truncata*, galbe déformé et non symétrique; valves plus petites, plus inégalement bombées ; côtes rayonnantes peu nombreuses, à peine apparentes, sans traces de carène médiane. — L. 11; H. 9; E. 3 1/2 millimètres.

Golfe de Gascogne, à 410 mètres.

Genre PLATIDIA, Costa.
Conch. franç., p. 364.

Platidia anomioides, SCACCHI ET PHILIPPI.

Conch. franç., p. 364, fig. 344. — P. Fisch. et Œhl., 1891. *Exp. Trav.*, p. 92, pl. 8, fig. 14.

Golfe de Gascogne, depuis la zone corallienne jusqu'à 1190 mètres ; golfe du Lion, depuis la zone herbacée jusqu'au delà de 250 mètres.

Platidia Davidsoni, DESLONGCHAMPS.

Conch. franç, p. 344. — P. Fisch., Œhl., 1891. *Exp. Trav..* I, p. 100, pl. 8, fig. 15.

Golfe de Gascogne, depuis la zone corallienne jusqu'à 411 mètres ; golfe du Lion, depuis la zone herbacée jusqu'au delà de 250 mètres.

MEGATHYRIDÆ
Conch. franç., p. 365.

Genre MEGATHYRIS, d'Orbigny.
Conch. franç., p. 365.

Megathyris decollata, CHEMNITZ.

Conch. franç., p. 365, fig. 345. — P. Fisch. et Œhl., 1891. *Exp. Trav.*, p. 102, pl. 8, fig. 6.

Au large de Marseille, depuis la zone corallienne jusqu'à 555 mètres

Genre THECIDEA, Defrance.
Conch. franç., p. 367.

Thecidea mediterranea, RISSO.

Conch. franç., p. 367, fig. 347.

Golfe du Lion, depuis la zone corallienne jusqu'à 250 mètres et au delà.

CRANIIDÆ

Conch. franç., p. 367.

Genre CRANIA, Retzius.

Conch. franç., p. 367.

Crania anomala, RETZIUS.

Conch. franç., p. 367, fig. 348. — P. Fisch. et Œhl., 1891. *Exp. Trav.*, p. 7, fig. 1.

Au large des côtes de Bretagne, entre 915 et 1125 mètres; golfe de Gascogne, depuis la zone corallienne jusqu'à 1480 mètres; fosse du cap Breton, entre 70 et 435 mètres.

Crania turbinala, POLI.

Conch. franç., p. 368.

Golfe du Lion, depuis la zone corallienne jusqu'à 250 mètres et au delà.

TABLE ALPHABÉTIQUE

DES NOMS DE FAMILLES, GENRES ET ESPÈCES

NOTA. — Les caractères *italiques* indiquent les noms admis comme synonymes.

Lyon. — Imp. A. Rey, 4, rue Gentil. — 1913.